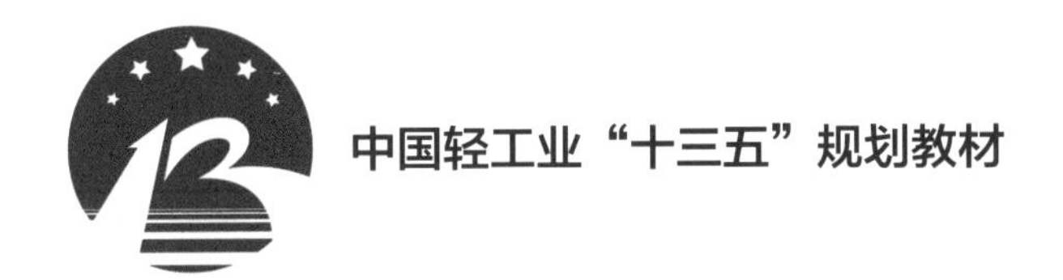

中国轻工业“十三五”规划教材

版面设计

Layout design

陈琪莎
宋海燕 / 编著

中国轻工业出版社

图书在版编目（CIP）数据

版面设计 / 陈琪莎，宋海燕编著. —北京：中国轻工业出版社，2020.8

中国轻工业“十三五”规划教材

ISBN 978-7-5184-2984-4

Ⅰ.①版… Ⅱ.①陈…②宋… Ⅲ.①版式－设计－高等学校－教材 Ⅳ.①TS881

中国版本图书馆CIP数据核字（2020）第074947号

内容简介

本书主要适用对象为艺术传播类专业和与之相关的学生及设计爱好者。本着理论实用、实践为主的原则：强调设计方法普适性；专注中文版面设计；图片案例详细说明与点评；设计资料来源清晰无版权纠纷；具体设计项目代表性和指导性强。

本书关注设计方法和技巧的整理与总结，强调设计规范，常见的设计种类都能实用和适用。学习知识点做到以少胜多，梳理成几大类，既便于学习，也使得内容整体结构清晰，易于阅读使用。

责任编辑：杜宇芳

策划编辑：杜宇芳　　责任终审：李建华　　封面设计：锋尚设计

版式设计：宋海燕　陈琪莎　　责任校对：方　敏　　责任监印：张　可

出版发行：中国轻工业出版社（北京东长安街6号，邮编：100740）

印　　刷：北京富诚彩色印刷有限公司

经　　销：各地新华书店

版　　次：2020年8月第1版第1次印刷

开　　本：787×1092　1/16　印张：12.25

字　　数：300千字

书　　号：ISBN 978-7-5184-2984-4　定价：69.80元

邮购电话：010-65241695

发行电话：010-85119835　传真：85113293

网　　址：http://www.chlip.com.cn

Email：club@chlip.com.cn

如发现图书残缺请与我社邮购联系调换

200145J2X101ZBW

前言

版面设计对于传播领域内的各种信息内容来说，一直是重要的表现手段。只要涉及视觉传播，版面设计就必不可少。21世纪以来，互联网和移动终端蓬勃发展，版面设计也进入了日新月异的时代。

笔者讲授版面设计课程十多年，经历了从传统版面为主到数字化版面异军突起的发展过程。

从传统来说，版面设计包含的设计载体特别多，最常见的有书刊版面设计、包装版面设计、宣传单版面设计、名片版面设计、海报版面设计、报纸版面设计、网页版面设计等。但根据笔者多年来的设计经验，以及进行版面设计教学的经验来看，这样划分载体分类并不科学。对学习并掌握版面设计的方法没有好处。

设计是有方法的，我们学习设计，一定不能纯粹靠感觉和悟性，而是应该通过掌握普适性的设计方法和技巧，使设计成为一种技能，这种技能为设计者提供设计思路、方法步骤、制作技巧，使设计者在面对自己不熟悉的设计项目时，通过技能的指引，一步步完成设计。

基于技能主导、举一反三这种指导思想，最终确定了本书理论和案例相结合的架构，将原本非常依赖于感觉的感性技能部分理性化分析、逻辑化处理，再通过实例强化理解，最后通过市场案例进行技能巩固。

考虑到本书主要针对汉字用户，而拉丁文字系统和方块文字系统在设计时视觉差别较大，且市面及网络上所见优秀设计多为拉丁文字系统作品，因此实例和案例均尽量选择方块文字系统的设计。所有配图都有详细图片说明，大量选用了两位作者自己的作品和学生作品，保证作品原创性和设计思路解读的准确性。尤其实际案例部分四个作品均为作者第一手采访搜集整理的完整设计资料，并获得了设计者授权，是非常珍贵的设计案例，对读者的设计思路与设计方法提升能产生极大的帮助。

本书未刻意去强调数字版面，原因有二:

①数字版面，除了载体、显示方式、使用方式、页面尺寸等规范，根本上与传统版面在设计上并无区别。而这些规范，多不属于设计范畴，且能轻易掌握。

②数字化发展在飞速进行，现今已经不属于新生事物，并且其未来发展态势如何，谁都说不清楚。与其强调数字版面的独特性，不如保持本书的初心，从具有普适性的设计方法和技巧入手，无论载体如何变化，都能以不变应万变。

写书的过程，其实也是作者对自己思路的一个梳理过程。本书历时十载，所搜集的实例、案例不计其数，最后选用到书中的不到百分之一。大纲都推翻重来近十次，思路反复调整的过程中，难免会出现疏漏。本书中出现的图片，能找到设计者的均已署名，部分历史性图片由于年代久远或者网络传播次数过多，原始作者已不可考，其余图片均为两位作者原创。在此向所有对本书提供了帮助的朋友们表达真诚的感谢。

如有任何错漏，欢迎读者与我们或者出版社联系，再版时会进行更正。

陈琪莎
2020.2.02于深圳

目录

第一章　认识版面设计

第二章　版面设计的构成要素

第三章 版面设计的方法

第四章 版面分类实战

第一章

认识版面设计

第一节　版面设计基础概述

一、版面设计的定义

二、版面设计的目的和意义

三、版面设计的视觉载体

第二节　版面设计的起源与发展

一、中国的传统版面形式

二、西方的版面形式及设计特征

第一节
版面设计基础概述

版面设计，也叫编排设计、版式设计，是平面设计中的主要分支，是现代设计艺术的重要组成部分，是视觉传达的重要手段。版面设计并不是简单地将文字、图像等元素糅合到一起。而是要运用形式美原理，对版面内的文字字体、图像图形、线条、表格、色块等视觉元素按照一定的要求进行排列组合，并以视觉方式艺术地表达出来，使观看者能直观地感受到设计者要传递的内容和信息。它是技术与艺术的高度统一，涉及美学素养、逻辑思维、软件技能（如Photoshop、Indesign、Coreldraw、Illustrator等）、平面构成、色彩构成、视觉心理学等，是现代设计者必须具备的艺术修养和技术知识。

一、版面设计的定义

版面设计是在各类视觉平面上，对各种视觉元素进行布局和设计。这里有三个关键点，分别是视觉平面、视觉元素、布局和设计（图1-1）。视觉平面主要包括实体平面（纸张、布面、木板等）、虚拟平面（电脑、移动终端等）；视觉元素主要有文字、图片和色彩；布局和设计指的是在视觉平面上，对视觉元素进行网格、群组、规范、构图、安排等操作。从广义上来说，建筑物外立面也属于版面设计的范畴。

视觉平面

实体平面、虚拟平面

视觉元素

文字、图片、色彩

布局和设计

网格、群组、规范、构图、安排

图 1-1　版面视觉平面设计

二、版面设计的目的和意义

成功的版面设计作品，需要明确客户设计目标、深入了解受众年龄和心理、预估读者的可接受程度。版面如果设计不到位，可能会导致受众阅读困难、漏读或跳过重要信息。版面设计的目的是为了读者能准确、流畅地阅读信息；形象、鲜明地传达信息；能准确完整地理解版面内容。在此基础上，做到主题鲜明突出、形式与内容统一、强化整体布局、美观大方。

互联网时代，人们对阅读的耐性日益缺失，优秀的版面设计能够让阅读者简单快速地浏览内容信息。版面的形成由人类的视觉特性决定，杂乱的内容、无意识的排版会使受众不知道从何处读起，阅读也会变得很累。版面设计的基本任务就是根据读者的阅读习惯和喜好，对要传达的文字信息、图片信息、色彩信息进行设计，使这些要素和谐统一地出现在一个版面上，相辅相成。

三、版面设计的视觉载体

1. 单页版面

指在单个平面上进行设计，最终成品是单张页面，例如名片（图1-2）、宣传单张（图1-3）、单页广告（图1-4）、海报（图1-5）等。

图 1-2　名片

图 1-3　宣传单张

图 1-4　单页广告

图 1-5　电影海报

2. 多页版面

指在多个连续平面上进行设计，最终成品是一系列页面，如折页（图1-6）、手册（图1-7）、杂志（图1-8）、报纸（图1-9）、书籍（图1-10）等，特点是页面至少4个以上，并且页与页之间有延续性和连贯性。

图 1-6　折页

图 1-7　手册

图 1-8　杂志

图 1-9　报纸

图 1-10　书籍

3. 立体版面

指在单个或几个平面上进行设计，最终成品是立体形态，最具代表性的就是包装盒、瓶贴（图1-11）、各类纸制品（图1-12）等。

图 1-11　包装盒与瓶贴

图 1-12　纸包装与提袋

4. 数字版面

这是一类不需要实物输出的版面的总称，它的成品可以有很多媒介作为载体，设计过程其实和前面几类是一样的，只是最终的使用平台不同，如网页（图1-13）、移动终端界面（图1-14）、信息图表（图1-15）等。

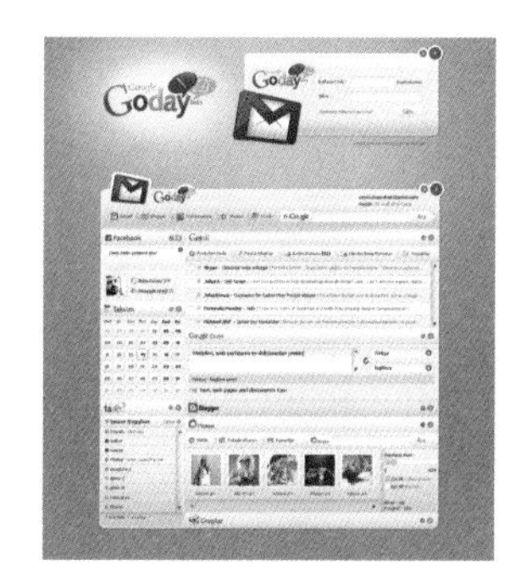

图 1-13　网页

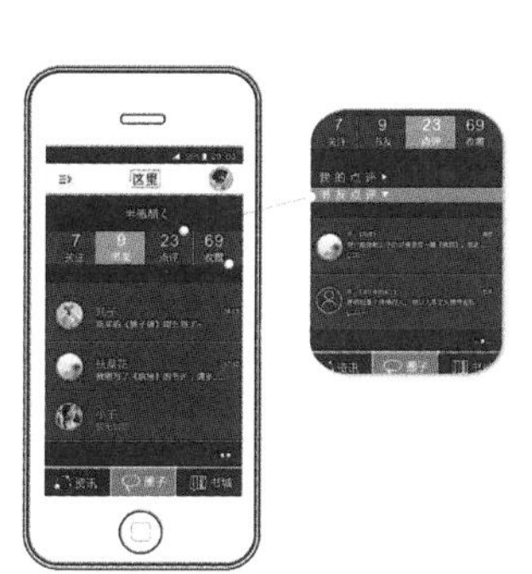

图 1-14　移动终端界面

图 1-15　信息图表

第二节
版面设计的起源与发展

我国现存最早的版面形式，应该从河南安阳小屯村殷王朝都城遗址上发现的甲骨文卜算片算起。这种以象形文字形态出现、以雕刻方式书写的版面，自然形成一种特殊的版面形态。版面设计，与版面的构成元素形态是密不可分的。

一、中国的传统版面形式

从世界范围来看，汉字作为世界公认的五大自源文字之一，它的形成与发展经历了漫长的演化过程，现行汉字经过了甲骨文、金文、大篆、小篆、隶书、楷书、老宋等几个阶段。汉字独有的形态对中国历代文化乃至整个汉方块字版面设计，都有着极其深远的影响。

1．有印刷术之前

在既没有纸也没有印刷术之前，人们的文字书写受制于各种五花八门的材料，版面也几乎不存在设计的概念，大多由于书写材料难得而依形而书。迄今为止我们耳熟能详的有如下几种。

（1）甲骨文

甲骨文开创了从右边开始竖排的汉字特有的书写与排版方式。字距约为1/2或1/3个文字大小，行距为字距的1～2倍（图1-16）。甲骨文的版面形式没有统一的标准格式，文字大多居于甲骨的中部，也有依甲骨的走势刻制，呈不规则形态，有的则将文字刻画在某一区域内，具有一定的秩序性。它是方块汉字的最初形态萌芽，同时为汉字书写形式提供了最基本的版面范例。

（2）金文

金文也叫铭文、钟鼎文，是一种铸造在青铜器上的文字。这种文字受到材料、器形的制约，排得很有秩序（图1-17）。与甲骨文一样，都是从右手起始，竖排。文字间距不像甲骨文那样随意，会根据器形大小、文字多寡进行较为严格的分区与限定。

图 1-16　殷商武丁早期征讨卜辞

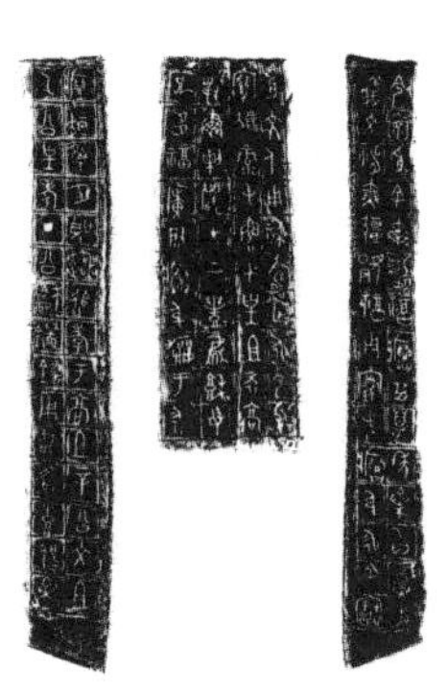

图 1-17　西周中期铜钟上的文字拓片

（3）石刻

常见石碑刻字，字体已经相当成熟，与现代汉字本质并无多大区别，且笔画规整，字距与行距没有太大差距，纵向与横向较为均匀（图1-18），文字的起始与先前的金文书写习惯一致。但石刻无法随身携带。因此对信息传达来说，具有较大的局限性。

图 1-18　石刻

中国最早的石刻文字——宝鸡石鼓
摄影：邓海，2011 年 3 月

（4）竹木书

书写在竹片或木板上，并编联成册的书籍称为“简策”或“版牍”。这种书籍形式，起源于周代末期，在中国的文明史上有着极其重要的地位。“简策”和“版牍”，是以竹条或木条为书写材质，按顺序编连成册。受制于书写材质的形态，竹木书的版面具有直排的特性，并根据竹木板大小和宽窄确定字行长度、字块宽度（图1-19）。

图 1-19　竹简

（5）帛书

帛书版面文字的排列方式沿用了竹木书的排版规律，版面分有框线和无框线两种。跟竹木书相比易于携带、轻便，但昂贵，易损坏，难保存。由于帛书的版面大小和尺寸形状受材料制约较少，因此它为后人对书写材料乃至新型版式的探索，提供了一些可能性（图1-20）。

图 1-20　马王堆帛书《五十二病方》

2. 有印刷术之后

中国的古典书籍，其形态之丰富，功能考虑之周全，与同时期古代文明相比堪称世界一流。任何一种新型书籍形态的产生与更迭，都是自然交替、逐渐更替的，是一种渐进式的进化演变。这得益于中国的造纸术与印刷术的发展。纸的产生，解决了书写材料来源，印刷术的发明，装帧方式的进步，为文字典籍的批量复制与流传提供了技术支持。因此，这个时期的书籍，开始具备了统一性、复制性、传播性特点，有了现代书籍的模样。

中国古代书籍装帧方式历经了卷轴装（图1-21）、旋风装（图1-22）、经折装（图1-23）、蝴蝶装（图1-24）、包背装（图1-25）、线装（图1-26）等多种形式，书籍的加工方式和使用功能性开始主导书籍的版面形式。

明代，中国的文人流行在书籍的天头地脚和边空书写心得，加注批语。直接在书上进行批注圈点是明代文人的时尚，似乎不作注解批释，一本书的版面就不够完整。这种使用需求的出现，导致了线装书的版面大多版心小，天头、地脚、边空大，尤其是天头更大，方便进行注和批。这成了中国古籍版面的一大特色。

明代文人开启的这种治学读书方式，为中国古典书籍版面开创了一种独特的艺术形式，在世界古典版面设计史上独树一帜。一本书印刷排版完工后并不等于版面设计工作已结束，只能说完成了大半，另一小半则由读者完成。只有读者阅读并批注完成，才能算真正意义上的版面设计完成，这在世界版面设计史上是绝无仅有的。

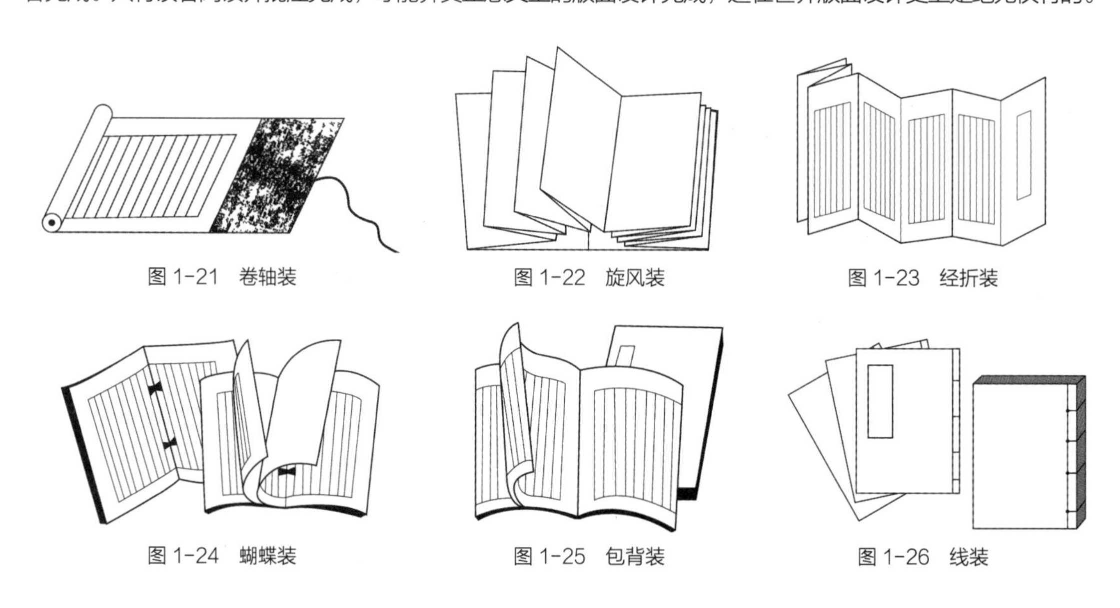

图 1-21　卷轴装　　图 1-22　旋风装　　图 1-23　经折装

图 1-24　蝴蝶装　　图 1-25　包背装　　图 1-26　线装

二、西方的版面形式及设计特征

1. 古代时期

（1）古巴比伦

西方最早的文字版面，出现在大约公元前3000年的古巴比伦。美索不达米亚地区的苏美尔人最早创造了原始版面的排版形式。他们将湿泥做成块状泥版，后用木片刻画其上形成具有凹槽的文字，这就是著名的楔形文字。楔形文字按照一定的规律进行排列，形成了西方最早的版面形式（图1-27）。

图 1-27　梵蒂冈博物馆里的楔形文字书信

（2）古埃及

古埃及是文字的重要发源地之一，其自源象形文字很早就已成形，并在埃及历史上使用了漫长的时间。从公元前3100年到公元4世纪从未间断过，直到古罗马人攻入埃及并实行了殖民统治也未见完全改变。这些文字在雕塑、石刻，尤其在纸草书上出现得极为普遍。纸草上常用精美的插图与文字相配合，使得版面图文并茂。文字本身象形形态与插图配合，通过大小、疏密的搭配，使得版面图、文呼应有序，精美绝伦。有观点认为这是现代平面设计发展的最早雏形（图1-28）。

图 1-28　埃及国家博物馆里的古埃及纸草书

（3）古希腊文字和罗马字体

最早的欧洲文明诞生于古希腊的克里特岛，出现了著名的克里特象形文字（图1-29）和线形文字（图1-30），史称米诺亚文明。米诺亚文明在腓尼基文化的影响下，公元前2800年左右出现了拼音字母。随着罗马人的入侵，米诺亚文明很快被摧毁。罗马人试图用罗马文明取代希腊文明，因此将希腊文字进行改良，变成了接近现行的拉丁文字母（图1-31）。

由于罗马字体的成熟，罗马人的书写方式已完全变成了自左向右的横式排列。这段时间内，书写多用价格十分昂贵的羊皮纸，加之羊皮尺寸相对较小，导致版面空间狭小，形成了字行密度大、字体小，对称式的版面风格，具有庄严之感。

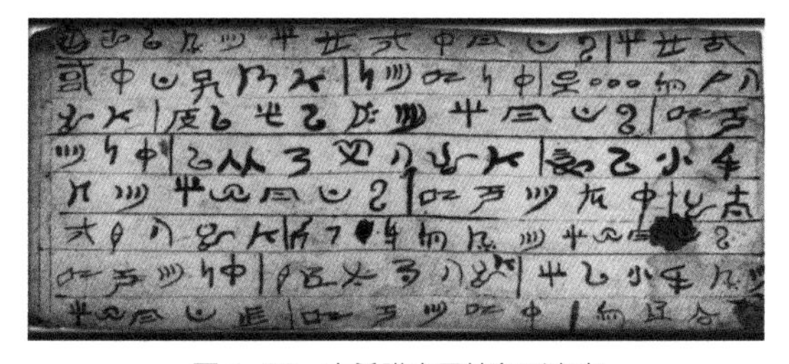

图 1-29　古希腊克里特象形文字

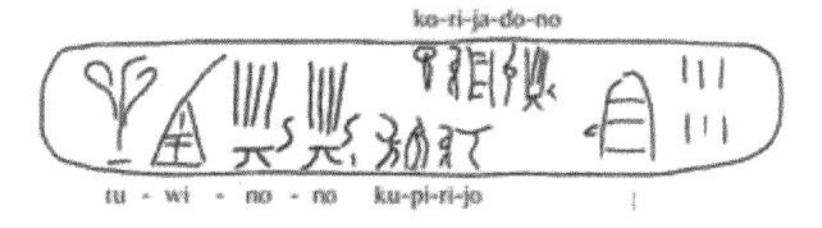

图 1-30　古希腊克里特线形文字

现藏英国 Fitzwilliam Museum 的克里特岛线形文字板，约公元前 1350 年，碑文上方写着 koriadnon

图 1-31　古罗马图拉真柱上的罗马体碑文

2. 中世纪

15世纪中期，德国人约翰内斯·古登堡（Johannes Gensfleisch zur Laden zum Gutenberg，1397—1468年）对《圣经》进行的版面设计（图1-32），是现存于世的版面设计方式中最为古老的一种，距今已经有五百多年的历史，我们把它叫作古典式风格。古典式风格在书籍设计史上统治欧洲数百年不变，直到今天仍然具有很大的市场，它并没有因为时代的发展而被彻底淘汰。

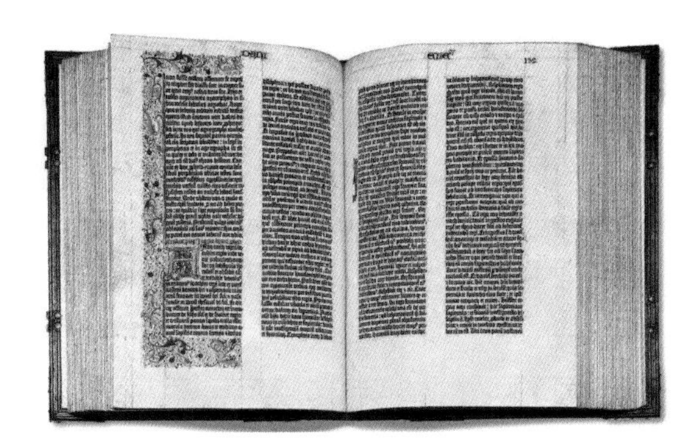

图 1-32 《古登堡圣经》

《古登堡圣经》第469页，约翰内斯·古登堡于1453—1455年出版于德国

古典式风格具有两大特点：对称性和程式化

对称性 主要体现在书籍内文以订口为轴心左右两页相对称。

程式化 主要体现在三个方面：

①内文版式有严格的限定：字距、行距具有统一的尺寸标准；

②天头地脚内外白边均按照一定的比例关系，组成一个标准的保护性的框子；

③文字油墨深浅和嵌入版心内图片的黑白关系，都有严格的对应标准。

欧洲中世纪宗教势力掌权，这个阶段文字书籍主要用于传抄经书、祈祷书等宗教内容。这些工作多由修道士完成，类似佛家抄经，多带着虔诚之心，并出于对宗教的崇拜，在版面上极尽装饰之能事。羊皮纸上绘金涂银，手工书写了各种美轮美奂的圣经（图1-33）。各种精美的图案纹样装点着书的每一页，精细的插图（图1-34）使当时的书籍成了真正的艺术珍品。

图 1-33 手抄本《圣经》

温彻斯特手抄本圣经——《耶利米的祈祷》第169页。温彻斯特手抄本圣经（Winchester Bible）是一本成书于1160—1175年温彻斯特的罗马式泥金装饰手抄本圣经。中世纪艺术瑰宝，也被认为是世界上装饰最美的《圣经》

图 1-34 精细插图

温彻斯特手抄本圣经——《耶利米的祈祷》版面插图细节

3. 文艺复兴时期

随着资本主义在欧洲逐渐成形，文化上反映新兴资产阶级利益的呼声盖过了保守的宗教思想。欧洲开始了文化思想大解放、大发展，强调以人为本。意大利人设计了第一本小开本书，便于随身携带。页面的变小，导致文字字体需要设计得更清晰易读，衬线体文字开始大行其道（图1-35）。这时期的书籍，常为了刻意摆脱旧的编排模式印象而采用横纵方向的几何模式，布局工整，易于阅读（图1-36）。非常接近现代排版方式，装饰上有洛可可的花哨特点，但并不足以影响简洁的版面功能（图1-37）。

Quidā eius libros nō ipſius eſſe ſed Dionyſii &Zophiri colophoniorū tradunt:qui iocādi cauſa cōſcribentes ei ut diſponere idoneo dederunt.Fuerunt autē Menippi ſex. Prius qui de lydis ſcripſit:Xanthūq; breuiauit.Secūdus hic ipſe. Tertius ſtratonicus ſophiſta.Quartus ſculptor. Quintus & ſextus pictores:utroſq; memorat apollodorus.Cynici autem uolumina tredecī ſunt.Neniæ:teſtamenta:epiſtolæ cōpoſitæ ex deorum pſona ad phyſicos & mathematicos grāmaticoſq;:& epicuri fœtus:& eas quæ ab ipſis religioſe coluntur imagines:& alia.

图 1-35　衬线体字

简森衬线体：以其典范性的字母结构——协调、清晰、强调圆弧线，成为第一款完美、经典的印刷衬线体

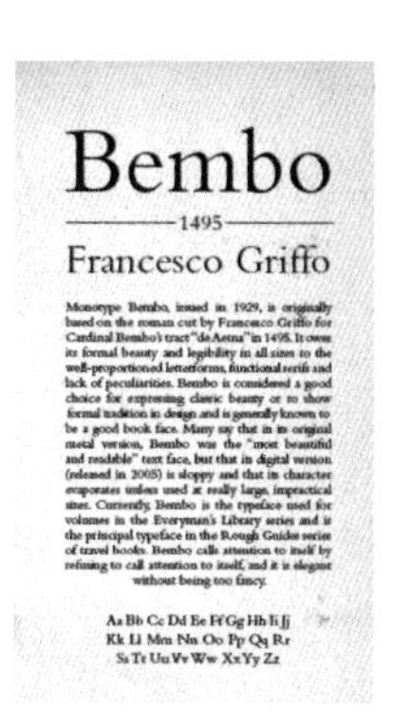

图 1-36　字体排版样张

弗朗切斯科·格里佛设计完成的字体“本博体”

图 1-37　带插图的书籍

阿尔杜斯书页：马努提乌斯印刷的书籍页面

4. 工业革命时期

随着工业革命的发展，印刷业繁荣起来，也推动了教育和传媒业的发展。在这个时期，字体设计大繁荣，开发的新字体，对欧洲版面设计起到了巨大的推动作用，也为出版业、版面设计提供了物质、技术和社会需求上的一切准备。

（1）工艺美术运动

工艺美术运动起源于英国19世纪下半叶，起因是为了反对因为工业化批量生产而造成的设计水准和制造质量大幅下降。带头人威廉·莫里斯（William Morris，1834—1896年）从字体设计开始对书籍进行设计探索，他投入巨资建造自己的印刷厂——克姆斯哥特出版社，将自己设计的字体铸成铅字用于书籍的设计实践，这成为他从事版式设计的大本营，并逐渐形成自己的风格。曲线和植物纹样是这一时期作品中的主要装饰。比较著名的出版物有《呼啸平原的故事》（图1-38）、《金色传说》（图1-39）、《特洛伊城史》（图1-40）等。

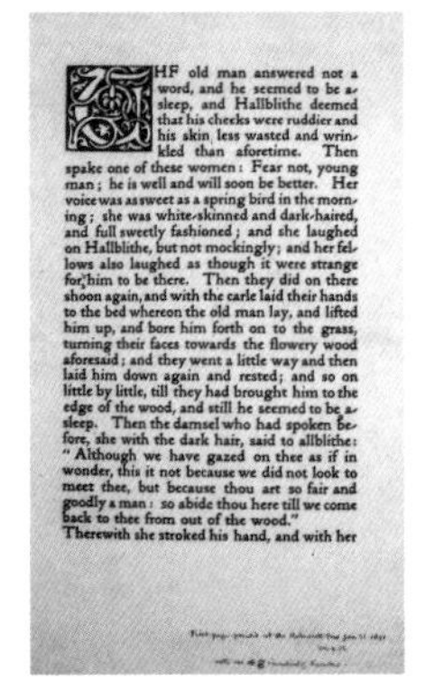

HE old man answered not a word, and he seemed to be asleep, and Hallblithe deemed that his cheeks were ruddier and his skin less wasted and wrinkled than aforetime. Then spake one of these women: Fear not, young man; he is well and will soon be better. Her voice was as sweet as a spring bird in the morning; she was white-skinned and dark-haired, and full sweetly fashioned; and she laughed on Hallblithe, but not mockingly; and her fellows also laughed as though it were strange for him to be there. Then they did on there shoon again, and with the carle laid their hands to the bed whereon the old man lay, and lifted him up, and bore him forth on to the grass, turning their faces towards the flowery wood aforesaid; and they went a little way and then laid him down again and rested; and so on little by little, till they had brought him to the edge of the wood, and still he seemed to be asleep. Then the damsel who had spoken before, she with the dark hair, said to allblithe: "Although we have gazed on thee as if in wonder, this it not because we did not look to meet thee, but because thou art so fair and goodly a man: so abide thou here till we come back to thee from out of the wood."
Therewith she stroked his hand, and with her

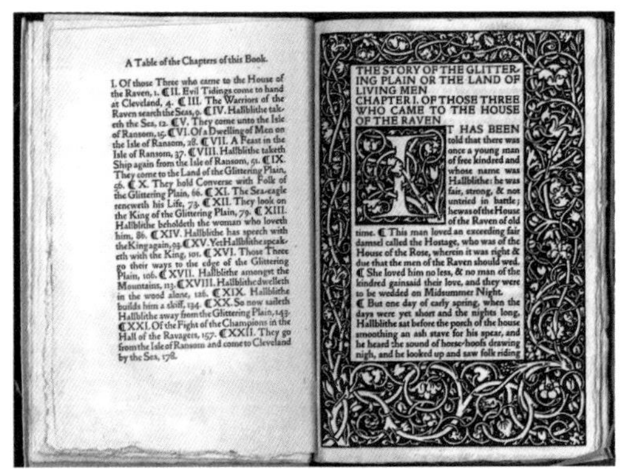

A Table of the Chapters of this Book.

I. Of those Three who came to the House of the Raven, 1. ¶II. Evil Tidings come to hand at Cleveland, 4. ¶III. The Warriors of the Raven search the Seas, 9. ¶IV. Hallblithe taketh the Sea, 12. ¶V. They come unto the Isle of Ransom, 15. ¶VI. Of a Dwelling of Men on the Isle of Ransom, 28. ¶VII. A Feast in the Isle of Ransom, 37. ¶VIII. Hallblithe taketh Ship again from the Isle of Ransom, 51. ¶IX. They come to the Land of the Glittering Plain, 56. ¶X. They hold Converse with Folk of the Glittering Plain, 66. ¶XI. The Sea-eagle reneweth his Life, 73. ¶XII. They look on the King of the Glittering Plain, 79. ¶XIII. Hallblithe beholdeth the woman who loveth him, 86. ¶XIV. Hallblithe has speech with the King again, 93. ¶XV. Yet Hallblithe speaketh with the King, 101. ¶XVI. Those Three go their ways to the edge of the Glittering Plain, 106. ¶XVII. Hallblithe amongst the Mountains, 113. ¶XVIII. Hallblithe dwelleth in the wood alone, 126. ¶XIX. Hallblithe builds him a skiff, 134. ¶XX. So now saileth Hallblithe away from the Glittering Plain, 143. ¶XXI. Of the Fight of the Champions in the Hall of the Ravagers, 157. ¶XXII. They go from the Isle of Ransom and come to Cleveland by the Sea, 178.

THE STORY OF THE GLITTERING PLAIN OR THE LAND OF LIVING MEN
CHAPTER I. OF THOSE THREE WHO CAME TO THE HOUSE OF THE RAVEN

IT HAS BEEN told that there was once a young man of free kindred and whose name was Hallblithe: he was fair, strong, & not untried in battle; he was of the House of the Raven of old time. ¶ This man loved an exceeding fair damsel called the Hostage, who was of the House of the Rose, wherein it was right & due that the men of the Raven should wed. ¶ She loved him no less, & no man of the kindred gainsaid their love, and they were to be wedded on Midsummer Night.
¶ But one day of early spring, when the days were yet short and the nights long, Hallblithe sat before the porch of the house smoothing an ash stave for his spear, and he heard the sound of horse-hoofs drawing nigh, and he looked up and saw folk riding

图 1-38 《呼啸平原的故事》

《呼啸平原的故事》试印稿与成书，克姆斯科特出版社的第一批印刷品，1891 年。充斥了明显威廉·莫里斯风格特征的花体字设计

图 1-39 《金色传说》

《金色传说》扉页和首页，威廉·莫里斯设计，1892 年。版面采用烦琐的植物纹样做底纹，文字采用莫里斯设计的带有哥特风格的字体，左右版面对称设计

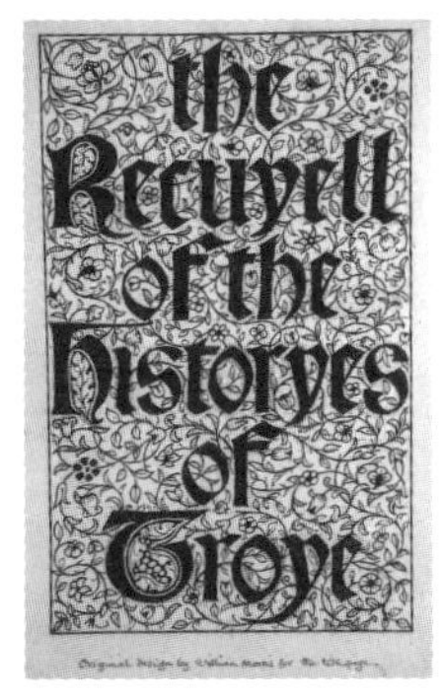

图 1-40 《特洛伊城史》

《特洛伊城史》封面，威廉·莫里斯设计，1892 年。哥特风格字体压在植物纹样底纹上

（2）“新艺术”运动

法国“新艺术”运动主张完全背弃任何一种传统风格，强调自然的重要性。自然主义是这一时期欧洲设计潮流的主要形式。跟英国的“工艺美术运动”（图1-41）、德国的“青年风格”（图1-42）近似，他们主张复兴中世纪的手工艺的传统，以此来对抗刚刚萌芽的机械化大生产造成的粗制滥造现象。

这一时期，各种“新艺术”运动仍旧是由画家带领的，从绘画到艺术设计的转化过程，捷克画家阿尔丰斯·穆夏（Alphonse Mucha，1860—1939年）是其中的代表人物（图1-43），对20世纪现代设计的发展产生了直接影响，同时也为新世纪版面设计的风格形式奠定了基础。

图 1-41 书籍封面

英国“工艺美术运动”晚期代表人物亚瑟·马克穆多设计，讲究线条的形状和流动的轮廓融为一体

德国青年风格代表人物彼德·贝伦斯为德国电器公司设计的海报

德国《青年》（Jugend）杂志封面

图 1-42　德国青年风格平面作品

穆夏画的各种广告，介于绘画和设计之间。华丽的有机曲线造型是其最大的特征

图 1-43　穆夏的广告作品

5. 现代

20世纪20年代在德国、俄国和荷兰等国家兴起了现代主义设计浪潮，提出新字体设计的口号，主张字体由功能需求决定其形式。字体设计的目的是传播，而传播必须以最简洁、最精练、最有渗透力的形式进行。由此出现了一大批简洁的现代风格字体，进而带动了与字体相匹配的现代风格版面形式。

现代主义非常强调字体与几何装饰要素的组合编排，从包豪斯到俄国的构成主义设计作品都运用了各种几何图形与字体组合的方法。

（1）构成派

俄国的构成主义在艺术上具有非常大的突破，对世界设计的发展起到了很大的促进作用。平面设计和大量摄影图片的运用，影响了许多欧洲国家的平面设计。

埃尔·李西斯基（El Lissitzky，1590—1941年）是构成主义设计集大成者，汲取了立体主义和未来主义的精华，他的版面采用丰富多变的组合构成方法（图1-44），强调理性、简洁的设计思路（图1-45），大量的留白与古典主义版面相比更为理性（图1-46），充分反映了构成主义版面设计的实用性、功能性和独创性。

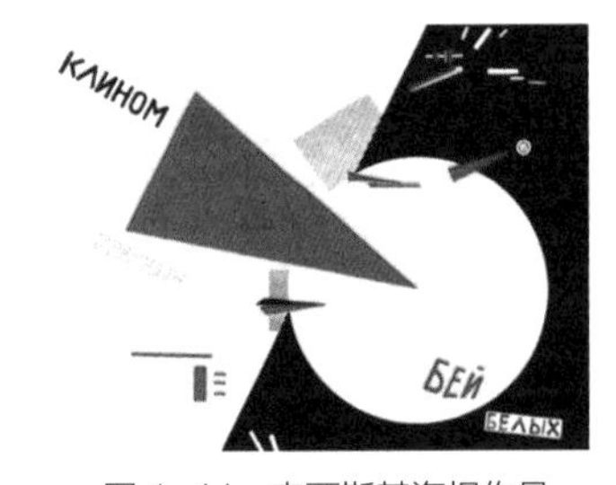

图 1-44　李西斯基海报作品

埃尔·李西斯基最著名的作品，1919 年设计的政治宣传海报《红楔入白》

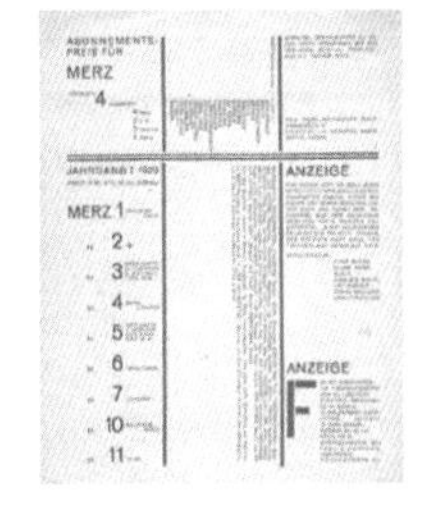

图 1-45　李西斯基书籍设计作品

图 1-46　李西斯基设计的诗集

埃尔·李西斯基为苏联诗人 Vladimir Mayakovsky（弗拉迪米尔·马雅可夫斯基）设计的诗集 *Dlia Golosa*（声音），通过简单利落的几何图形传达出诗人所表达的节奏以及感情，营造出革命年代所特有的氛围

（2）风格派

“风格派”的核心人物是精神领袖和主义力量西奥·凡·杜斯伯格（Theo van Doesburg，1883—1931年）（图1-47）、画家蒙德里安（Piet Mondrian，1872—1944年）（图1-48）等人。“风格派”这个词由杜斯伯格创造，组成新的、有意义的、理想主义的结构是“风格派”的关键。由此可以看出，风格派从一开始就追求艺术的抽象与简化，反对一切无意义的装饰成分。风格主义版面设计的最大特点是：将单体几何结构通过一定的形式规律地进行组合，其结构的独立性保持完整，通过横纵直线寻求版面的平衡，通过数理计算使版面趋于逻辑性、秩序性。

图 1-47　杜斯伯格

图 1-48　蒙德里安与他的绘画作品

风格派的起源和形式都源于蒙德里安的绘画（图1-49）探索，所有风格派成员都以蒙德里安的绘画思路作为设计的原动力。在蒙德里安的讲究理性与秩序的观点上，版面形态越来越富有逻辑化，越来越理性化。这些作品甚至为后世各种生活用品提供了源源不断的设计灵感（图1-50）。

图 1-49　蒙德里安最著名的绘画作品《红、黄、蓝构成》

图 1-50　根据蒙德里安作品设计的时装

时装大师伊夫圣洛朗根据蒙德里安绘画设计的蒙德里安裙

杜斯伯格的部分作品（图1-51）受到蒙德里安的影响。版面完全不讲究激情发挥，而是纯理性的数值计算。采用这种设计方式的版面必然会呈现出强烈的理性与秩序感（图1-52）。

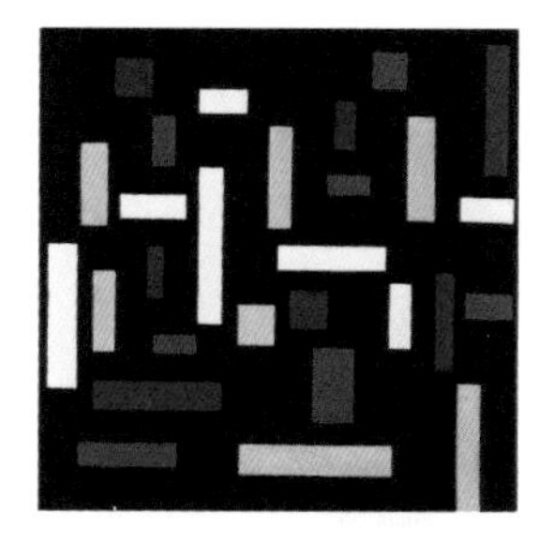

图 1-51　杜斯伯格的绘画作品《第七号构成》

荷兰“风格派”代表人物维尔莫斯·胡扎（Vilmos Huszar，1884—1960年）1917年设计的《风格》杂志的封面（图1-53），将“风格派”表现得淋漓尽致。几块大小各异的方块通过分割组合，通过位置上的精心布局，使形态、方向各异的几何体组合在一起，形成一个整体性强的矩形结构。

为了配合图形，标题也设计为方块拼合而成，构成感极强。最下方的字体采用全部大写的粗壮无衬线字体相配合，整个版面的图形与文字既相互区别，又相互联系。

整个版面分成图形、文字两部分，并组合成一个矩形的整体。文字部分以粗短线条组成的方块题目为中心，形成三个整齐的矩形，图形部分则采用有节奏的黑白方块进行装饰。版面留有大量的空白，整个版面明朗清晰。

图 1-52　杜斯伯格的封面设计

《古典，现代，巴洛克》封面

图 1-53　《风格》杂志封面

（3）包豪斯

包豪斯（Bauhaus）是现代设计最为重要的教学与研究机构（图1-54），1919年创立于德国魏玛，与同时期的构成主义、风格主义一道构筑了现代设计的基础。包豪斯艺术与技术相结合，为人而设计，这些观点使现代设计逐步由理想主义走向现实主义，即用理性的、科学的思想来代替艺术上的自我表现和浪漫主义。从而奠定了现代设计教育的结构基础和基本面貌。

图 1-54　德国德绍格罗皮乌斯大道 38 号包豪斯主楼与纪念拖车

2019 年，为纪念包豪斯 100 周年，发起者带着名为“客厅”（Wohnmaschine）的拖车，进行历时 10 个月的巡游，在各地开展一系列研讨活动和 workshop，深入发掘世界性的设计理念。拖车如实还原了包豪斯建筑特点。内部包含一个用来举办演讲的空间和阅读室

包豪斯设计学院自建立以来共经历三个时期，分别是魏玛的探索时期（1919—1924年）；德绍的发展时期（1925—1930年）；柏林的惨淡衰亡期（1931—1933年）。

①魏玛时期：格罗皮乌斯（Walter Gropius，1883—1969年）出任校长，提出“艺术与技术新统一”的理想，肩负起训练20世纪设计家和建筑师的神圣使命。他广招贤能，聘任艺术家与手工工匠授课，形成艺术教育与手工制作相结合，参照了学徒制的新型艺术教育制度。1923年的包豪斯作品展全方位展示了包豪斯理性的设计风格（图1-55）。

②德绍时期：包豪斯在德国德绍重建，并进行课程改革，实行了设计与制作教学一体化的教学方法，取得了优异成果（图1-56）。1928年格罗皮乌斯辞去包豪斯校长职务，由建筑系主任汉斯·迈耶

1923 年，魏玛时期，国立包豪斯作品展海报，已有比较清晰的现代主义特征设计

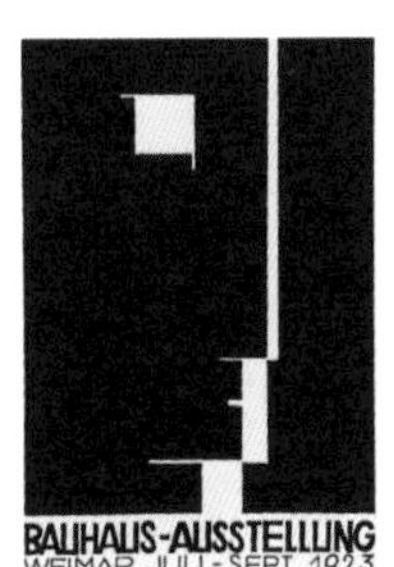

1923 年包豪斯展览的明信片，此图案后来成为美国包豪斯 LOGO 主体。赫伯特·拜耶设计

赫伯特·拜耶的老师莫霍利·纳吉设计的《包豪斯展览目录》

图 1-55　包豪斯作品展相关作品

图 1-56　被称为“拜耶体”的印刷字体

1925 年，赫伯特·拜耶设计的无饰线风格印刷字体“通用体”（Universal），开创并确立了现代包豪斯平面设计风格

（Hannes Meyer，1889—1954年）继任。这位共产党人出身的建筑师秉持的激进政治思想，使包豪斯面临着越来越大的政治压力。最后迈耶本人不得不于1930年辞职离任，由密斯·凡·德·罗（Mies. Van.der Rohe，1886—1969年）继任。接任的密斯顶着来自纳粹势力的压力，竭尽全力维持着学校的运转，终于在1932年10月纳粹党占据德绍后，被迫关闭包豪斯。

③柏林时期：密斯·凡·德·罗将学校迁至柏林的一座废弃的办公楼中，试图重整旗鼓。由于1933年1月德国纳粹上台，4月份包豪斯被迫关闭，结束了14年的办学历程。

包豪斯大批人员移居美国，将包豪斯体系的部分内容和美国商业体系相结合，形成战后美国版本的国际主义风格。

（4）未来主义

未来主义运动是意大利在20世纪初期出现于绘画及建筑设计的一场影响深刻的现代主义运动。这种思想来源于当时欧洲流行的无政府主义思潮，并以哲学家柏格森和尼采的哲学思想为理论依据。未来主义从一开始就渴望彻底与传统决裂，建立一种新的艺术形式，来反映时代的精神及未来艺术的发展方向，这对后来的自由版面设计造成了直接的影响。

未来主义在版面上的创新，主要体现在它众多未来主义诗歌和宣传的设计上。费力波·托马索·马里涅蒂（Filippo tommaso marinetti，1876—1944年）撰写了大量诗歌，进行宣传和树立未来主义精神。这些诗歌都故意违反语法和句法，根本读不通，从文字上直接颠覆了传统的诗歌。文字被当成视觉传达中的一个组成元素（图1-57），而不是像传统诗歌那样来用文字来进行信息传达。在版面设计时，采用完全自由的设计方式，把版面当成一幅绘画作品看待，所有的点、线、面及文字符号都是创作中基本视觉形态的建造材料（图1-58）。版面和版面的内容都是无拘无束，毫无逻辑的。这种非理性的版面设计，从某种角度来说，纯粹是为了对抗理性的现代主义设计思路。

图 1-57 马里涅蒂 *Les Mots en liberté futuristes* 内页排版

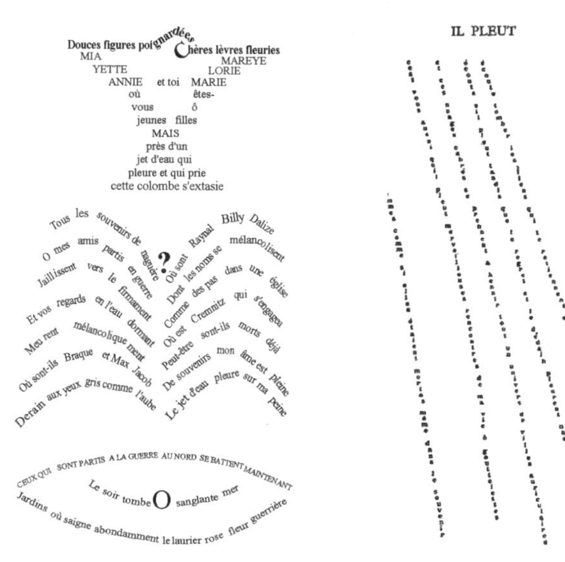

图 1-58 阿波里涅《书法》内页排版

（5）达达主义

“达达”一词的由来，历来众说纷纭。最流行的一种说法是，1916年，一群艺术家在苏黎世集会，准备为他们的组织取个名字。他们随便翻开一本法德词典，任意选择了一个词，就是“dada”。因此，这场运动就被命名为“达达主义”，以昭显其随意性，而非一场一般意义上的“文艺运动”。

跟未来主义相比，达达主义更关注版面上拼贴效果的使用（图1-59）。在排版时，多结合摄影图片（图1-60），具有无规律、自由化特征。

自由版面设计（图1-61）刻意强调了非理性设计行为和形式感的结合，使得版面呈现出如下特征：

①多元性：自由式版面立足于传统设计理念，通过剖析、解构，使版面设计呈现出完全不同的效果，使版面设计向多元化方向发展。

②自由性：在设计中将字体、图形内容遵循一定的美学原则进行自由安排。基本没有什么拘束。

③字图一体性：打破文字、图片之间的壁垒，将文字当成图片来设计，或者将图片与文字嵌套起来，形成你中有我我中有你的局面。字图一体性还表现在版面中文字和图片可以任意相互叠加、重合，形成无数的层次，以增加画面的空间厚度。

④局部的不可读性：考虑到读者在阅读信息时，多少会有意无意漏读掉部分信息，因此，在自由式版面中，设计师可以为了增加视觉冲击力，牺牲掉部分不重要信息的阅读舒适度，甚至允许一部分局部具有“不可读性”。集中精力只保证读者能接受那部分重要信息。

⑤字体的多变性：字体根据版面的需要来进行单独设计，要求字体要不断地创新并具有时代感。

图1-59 彼德·施瓦特的无具体含义的拼贴画

图1-60 柯特·希维特斯设计的版面

图1-61 彼得·施瓦特设计的版面

彼德·施瓦特设计的版面，视觉上十分工整，但实际大部分都没有实际意义，无法通读

（6）国际主义

20世纪50年代，一种崭新的平面设计风格在西德和瑞士形成，由于这种风格最早的探索是50年代以前在瑞士开始的，因此，被称为“瑞士平面设计风格”，这种简单明了、传达功能准确的风格迎合了第二次世界大战后国际交流的新平面设计的需求，很快发展为战后国际上最流行的设计风格，因此有“国际平面设计风格”之称，至今，这种版面风格依然作为版面设计的主要表现手法在全世界大量应用。

国际主义风格力图通过简单的网格结构和近乎标准化的版面公式，达到设计上的统一性（图1-62）。具体来讲，就是采用方格网作为设计基础，将版面设计的所有视觉元素——字体、图片、色彩等规范地安排在这个框架之中的一种版面形式。整个版面具有整洁明了、视觉效果统一的特点（图1-63）。

图 1-62 *Neue Grafik* 杂志

阿明·霍夫曼设计的海报

依米尔·卢德《十个苏黎世画家》海报

约瑟夫·穆勒－布罗克曼设计的海报

图 1-63 国际主义风格海报

第二章

版面设计的构成要素

第一节

版面中的文字要素

文字作为设计不可或缺的一部分，它的设计理念、表现手段及技法直接影响传播性。 设计师的主要任务是以图文的形式传达各种信息。文字作为一种符号，无论在何种视觉媒体中都以其特有的形式美因素直接影响着版面的视觉效果，因此，文字设计是提高作品的诉求力，赋予版面审美价值的一种重要构成技术。

一、认识文字字形

"字形"（glyph）指单个字（字母、汉字、符号等）的形体。一个可辨认的图形符号，它不依赖于任何特定的设计，特指某个字的形状。当一系列的字形具有某种统一风格时，就形成体的概念，可以用"字体"来描述，比如楷体，宋体，黑体。

1. 衬线字体（serif）

这种带有装饰线脚的笔画设计有学者认为来源于古罗马纪念碑上的拉丁字母（图2-1），1968年Edward Catich神父在著作*The Origin of the Serif* 中提到罗马字母最初被雕刻到石碑上之前，要先用方头笔刷写好样子，再照样雕凿。由于直接用方头笔刷书写会导致笔画的起始和结尾出现毛糙，所以在笔画开始、结束和转角的时候增加了收尾的笔画，也就自然形成了衬线。可以看出与现代称线字体（图2-2）字脚衬线的沿革关系。

西文中衬线体（serif）最著名的有Caslon（图2-3），Garamond（图2-4），Baskerville，Times New Roman等。

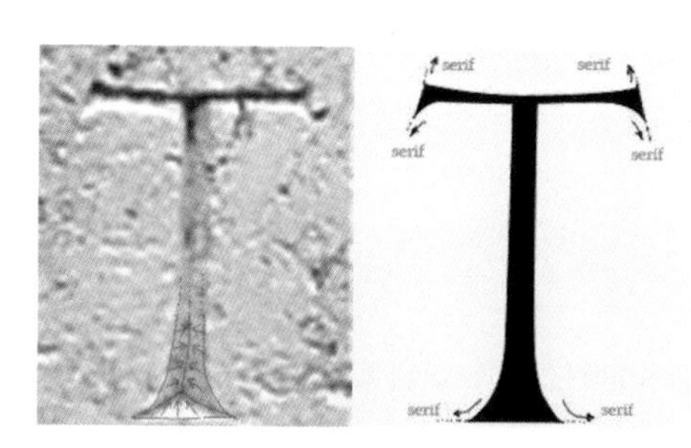

图 2-1　来源于石刻的衬线字体

图 2-2　Adobe caslon Pro 字体

SERIF SERIF

图 2-3　Caslon 字体

《美国独立宣言》（第一版）使用的字体

图 2-4　Garamond 字体

由 16 世纪法国最著名的印刷刻工 Claude Garamon 设计

衬线体可以根据衬线变化分成三类

具有特定曲线衬线的“支架衬线体”（bracket serif）（图2-5）。

连接处为细直线的“发丝衬线体”（hairline serif）（图2-6）。

厚粗四角形的“板状衬线体”（slab serif）（图2-7）。

图 2-5　支架衬线

图 2-6　发丝衬线

图 2-7　板状衬线

2. 无衬线字体（sans-serif）

无衬线字体没有笔画首尾的装饰，所有笔画的粗细也相同（图2-8）。无衬线字体在19世纪80年代开始兴起，因为笔画跟衬线体相比更加简洁，具有技术感和理性气质，这种字体很容易被科技型企业青睐。现代设计所强调的“简约”理念更是让无衬线字体成为现代风格的字体主流。

西文无衬线体（sans-serif）最著名的有Helvetica（图2-9），Gotham，Akzidenz Grotesk，Theinhardt，Akzidenz Grotesk等。

图 2-8　无衬线字体

SANS-SERIF

SANS-SERIF

SANS-SERIF

SANS-SERIF

图 2-9　Helvetica 字体

3. 汉字中的衬线体与无衬线体

在中文字体界，两个有代表性的分类——宋体和黑体，分别对应着衬线字体和非衬线字体。宋体来源于中文商业雕版印刷的鼎盛时期——明朝，因此宋体也被称为明体。由于雕版所使用的木头本身具有水平纹理，雕刻时横笔容易竖笔难，导致了宋体有横笔画细、竖笔画粗的特点。同时，由于横笔画的两端容易被磨损，所以人们就为其加上了字脚，让这些地方变得更粗也更耐用（图2-10）。这就是宋体作为衬线字体特点的由来。

黑体是在近代才出现，对于黑体的历史也存在一定争议，比较常见的说法是中国曾进口过日本的哥特体铅字，并以此为基础形成中文黑体字（图2-11）。中文黑体最早使用于20世纪早期广告印刷品（图2-12）。

因为无衬线字体结构简单，在同等字号下看上去要比衬线字体更大。笔画粗细一致，文字结构更清晰（图2-13），所以移动端设备的屏幕上也偏好使用无衬线字体。

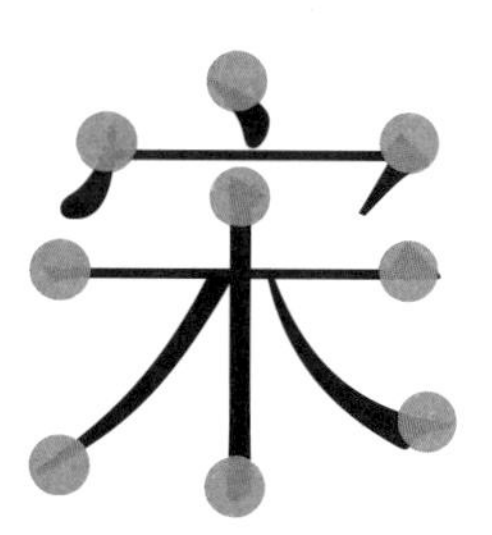

图2-10　宋体字

图2-11　黑体字

東方雜誌之大改良

發行所

商務印書館

五 四 三 二 一

图2-12　1910年《东方杂志》中出现的黑体中文数字

哪种字体结构更清晰？　14P　兰亭黑-简v

哪种字体结构更清晰？　14P　华文黑体

哪种字体结构更清晰？　14P　黑体

哪种字体结构更清晰？　14P　华文楷体

哪种字体结构更清晰？　14P　Adobe宋体

哪种字体结构更清晰？　14P　隶变-简

图2-13　相同字号不同字体视觉效果比较

二、字体与意象

在阅读时每个人都会通过文字来了解传递的“信息”，文字不仅仅传递其字面的信息，字体字形、线条强弱、文字周边的图画等视觉信息都能传递某一种“意象”，这些模糊的“意象”会直接且无意识地投射在人们心中。作为设计师，从创作者的角度，就必须了解和思考这些“意象”，并学会加以控制。

为什么某种文字会给人某种意象呢？它们之间是如何产生投射关系？实际上这有规律可循。

1.经典与传统

由于宋体与衬线体的历史比黑体和无衬线体更为悠久，在文明史中使用时间更长。因此会很自然地给读者一种“传统”和“正统”及“高格调”的感觉（图2-14）。大部分经典书籍设计中都会采用宋体，以此表现书的严肃性和经典性。反过来，我们也可以从古籍中提炼并设计出适合现代设计的字体（图2-15）。

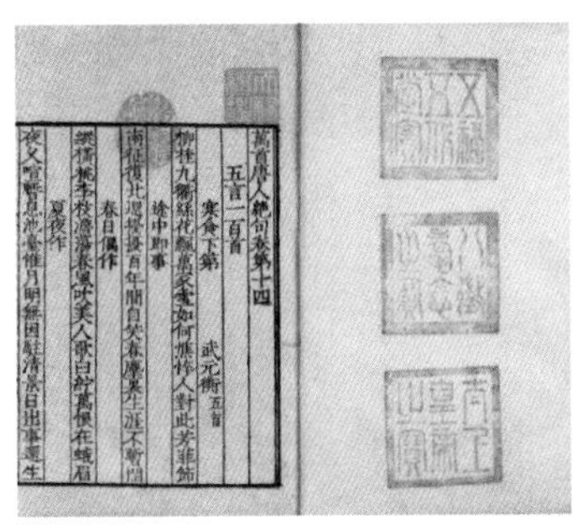

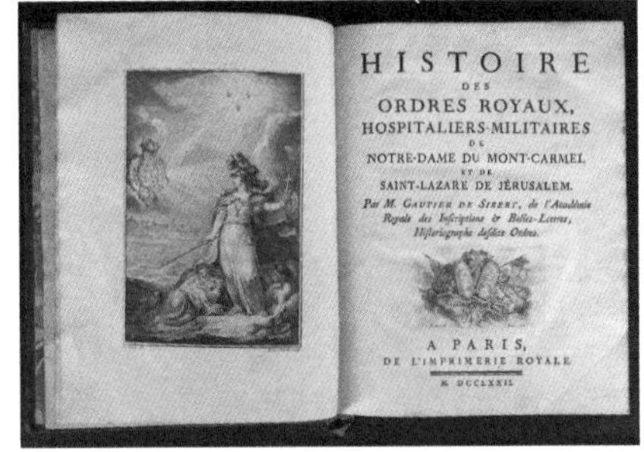

图 2-14　宋体与衬线体书籍

经典与传统
方正书宋

经典与传统
方正宋刻本秀楷简体

经典与传统
方正清刻本悦宋简体

图 2-15　脱胎于古籍的宋体字体

例 维也纳施特劳斯管弦乐团新年音乐会海报（图2-16）

将海报中主要要文字的字体由衬线体改为非衬线体后，丧失了原海报中所传递出的经典感与传统感。

海报中主要文字改为黑体和非衬线体后，丧失了原海报中所传递出的经典感与传统感

维也纳施特劳斯管弦乐团最初是由老约翰·施特劳斯亲自创建并注册的。海报设计中文采用了宋体，英文采用了衬线体，画面整体传递出经典与传统的意向，精准地传递出了最著名的古典音乐管弦乐团的风格和特点

图 2-16　维也纳施特劳斯管弦乐团新年音乐会海报

2. 亲近与柔和

形状尖锐细长的东西都会给人紧张感，如钉子、刀或者针，反之，圆滑形状的物品会给人安全感。文字也具有同样的心理暗示作品。线条纤细、两端尖锐的文字（图2-17）给人危险感，而线条粗大、两端圆滑的圆体字（图2-18）会给人亲近与柔和的意象，予人安全感。

大部分儿童品牌都会采用边缘圆滑的字体（图2-19），以表现产品的安全性。

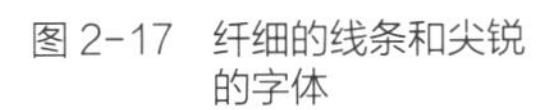

图 2-17　纤细的线条和尖锐的字体

柔和　SOFT

图 2-18　浑圆笔画组成的字体

图 2-19　儿童品牌常用字体

例 儿童衣物洗涤剂海报（图2-20）

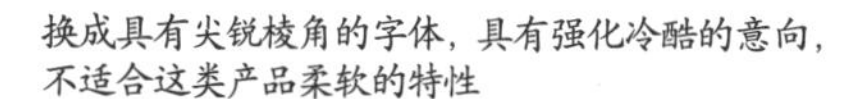
换成具有尖锐棱角的字体，具有强化冷酷的意向，不适合这类产品柔软的特性

文字采用圆体字体，传递着亲近与柔和

图 2-20　儿童衣物洗涤剂海报

3. 自然与手工

手写文字（图2-21）因为带有手工特征，可以让人感觉到手的温度及纸的触感，因此传统味道特别浓，能很好体现自然与手工感。脱胎于传统书法的书法字体（图2-22），可以在一定程度上保留这种手工感。而常规的计算机标准字体，横平竖直规范整齐，便于阅读及进行排版，但是不适合来传达自然与手工的感觉。

茶叶的包装的字体大多会采用手写文字（图2-23）或者书法字体（图2-24），以表现产品的自然性及手工感。

图 2-21　手写文字

图 2-22　书法字体设计的版面

图 2-23　使用手写文字的茶叶包装

图 2-24　使用书法字体的茶叶包装

例 山泉水海报（图2-25）

使用华文行楷，书法字体能体现自然感

使用方正俊黑，字体的改变失去了自然的感觉，具有工业机械感

图 2-25　山泉水海报

4. 未来与科技

有些字体，笔画的棱角转折、字形笔画长短比例、笔画转折及端部处理经过特殊的安排，能带给人技术感、未来感、科技感，特别适合一些技术类科技类的版面。

当然，这种字体带给人的意象感受并非一成不变，毕竟人们的直觉敏感程度与感受能力千差万别，与年龄、生活环境、文化背景、社会经验等也有关系。

例 梅赛德斯汽车海报（图2-26）

采用具有科技感的 OCRAETD 字体，画面整体散发出未来与科技感，精准地传递出了梅赛德斯汽车的风格和特点

使用古典感的 Stencil 字体，失去了现代性及未来感

图 2-26　梅赛德斯汽车海报

我们也可以反推，如果想让版面作品呈现不一样的视觉风格，有时候只需更换不同的字体，即可很直观地改变此版面要传递的信息（图2-27）。

图 2-27　使用不同字体变换视觉风格

5. 纤细与精致

细笔画的文字自然会产生纤细、轻、修长的感觉；如果配合柔美、微妙的曲线或者字脚，更会增加秀气、精致等感觉。

很多化妆品包装上的字体喜欢采用纤细带有曲线的字体（图2-28），以表现产品的精细感。

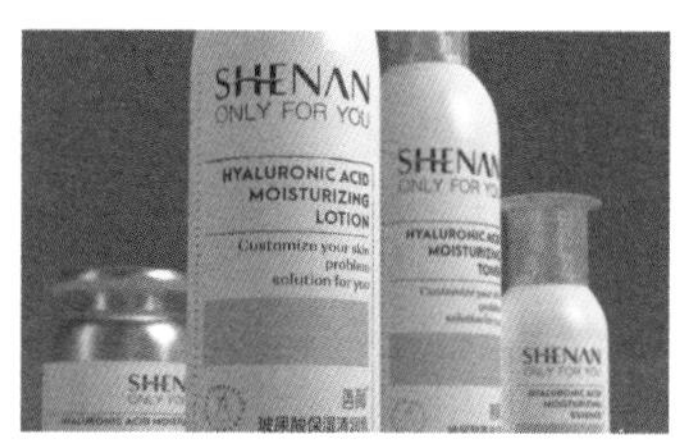

图 2-28　化妆品常用纤细和带有曲线的字体

例 SPA海报（图2-29）

字体采用思源黑体 light，体现纤细精致的感觉

同样是思源黑体，换成粗体，仅仅笔画变粗，就失去了精致的感觉

图 2-29　SPA 海报

6. 冲击力

画面想要具备冲击力感受的时候，需要匹配笔画较粗的字体（图2-30），字号和字距的大小变化也会影响冲击力强弱感（图2-31）。另外，让字体稍微倾斜增加速度感也可以强调冲击力。

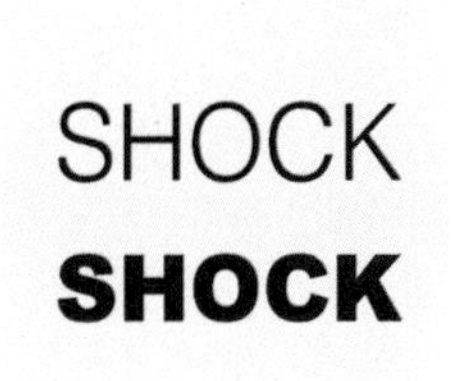
SHOCK
SHOCK

图 2-30　笔画粗细对比

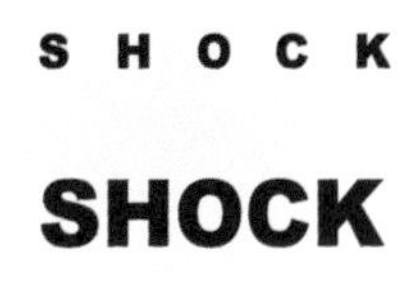
S H O C K
SHOCK

图 2-31　字号大小对比

例　赛车比赛海报（图2-32）

冲击极限！

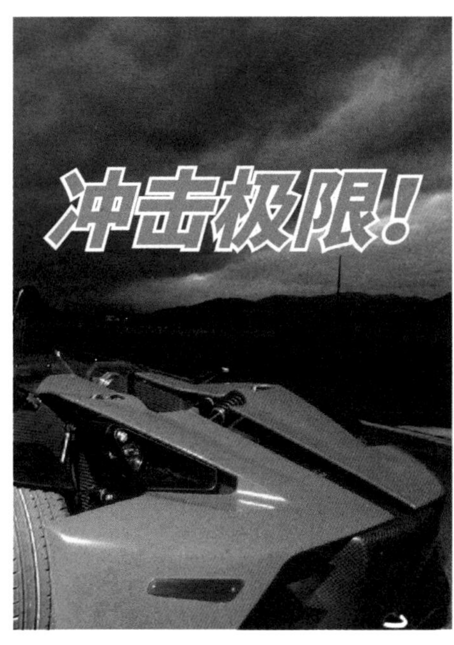

字体选用思源黑体中的粗黑，稍加倾斜，强调冲击力

冲击极限！

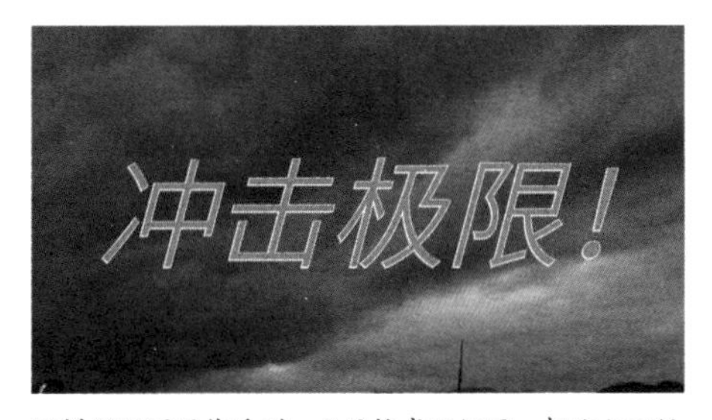

同样用思源黑体系列，只是换成了细黑，相比之下纤弱许多，失去了冲击力

图 2-32　赛车比赛海报

7. 字体意象的综合运用

一般情况下，一个版面不可能只有一种字体，为避免多种字体同时出现导致意象混杂，我们必须学会通过选用合适的字体，搭配文字的色彩、大小、字号字距行距等，配合版面的其他视觉元素，使整体在视觉上、信息传达上、意象上都达到和谐共存。

例 森林浴业务推广海报（图2-33）

主体文字根据字体意象选择，着重突出其古朴自然的感觉（图2-34）。版面用到好几种字体，但辅助文字均选用笔画粗细比例接近的字形（图2-35），达到视觉上的整体感。

图 2-33　森林浴业务推广海报

客户：水能量男士SPA
设计：宋海燕

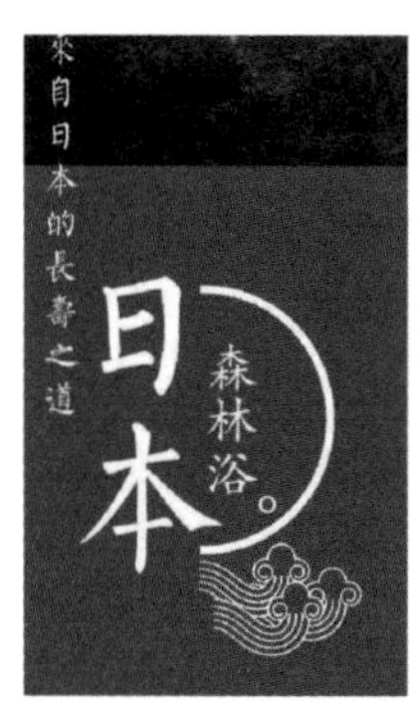

主体文字选择比宋体更具传统色彩的楷体，体现其项目的传统和自然古朴特征

方正细黑

方正苏新诗柳楷体

图 2-34　不同字体体现不同意象效果

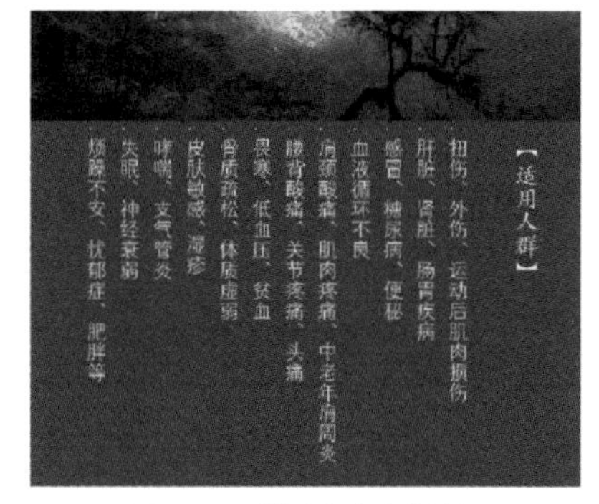

图 2-35　辅助文字字体选择

介绍文字采用黑体体系的“思源黑体”，体现其产品的规范性和专业性

例 新中式家具——舍得系列折页（图2-36）

折页主要采用方正龙爪简体（图2-37），这款字体复刻自明孝宗年间发行的儒教教义刻本《周礼》，其笔画虬枝伸展，水平方向的折笔、字形风格既保留传统书法体的特点，能体现东方文人气息，形态上具有硬朗刚劲有力的个性，又与家具的硬朗造型有所呼应。

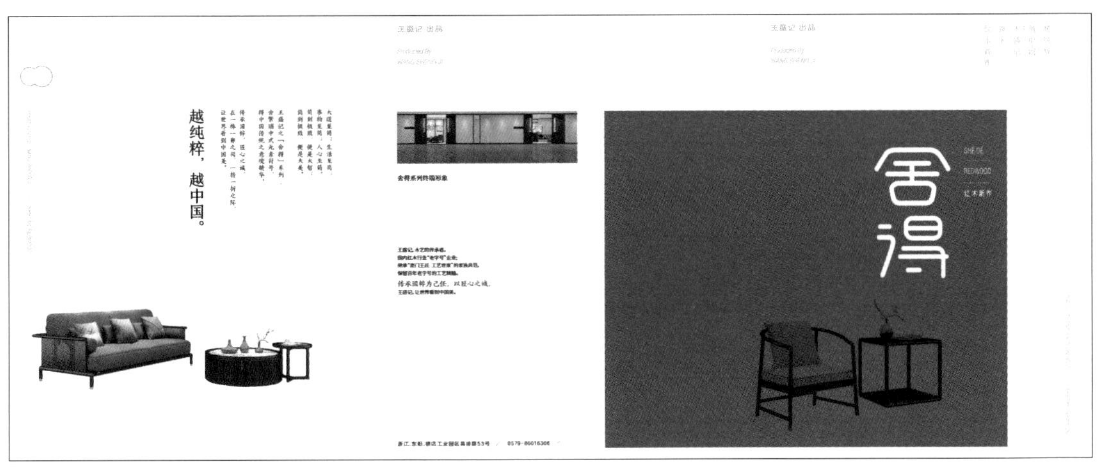

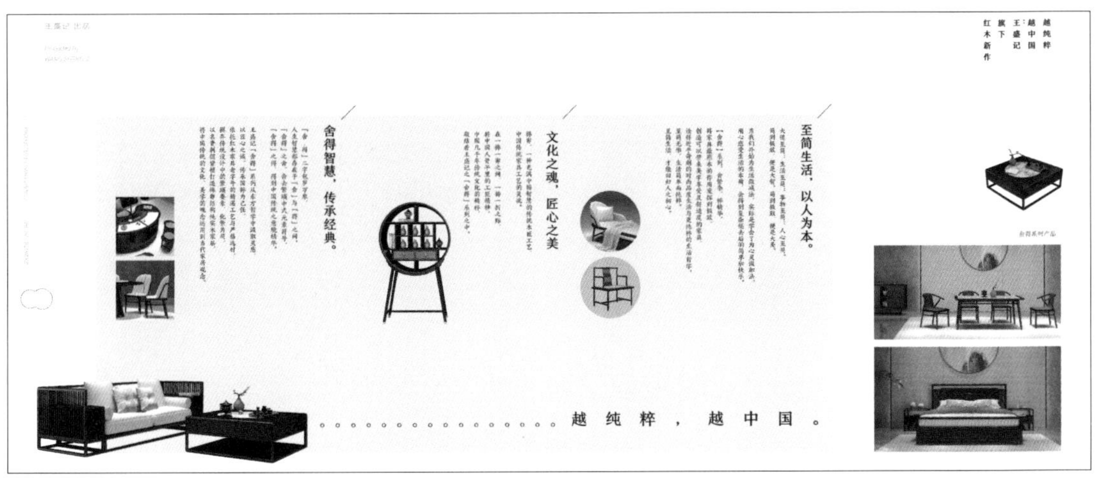

图 2-36　新中式家具——舍得系列折页

客户：王盛记红木家具有限公司
设计：宋海燕

大道至简；生活至简；
事物至简；人心至简。
简到极致，便是大智；
简到极致，便是大美。
王盛记之「舍得」系列，
舍繁琐中式元素符号，
得中国传统之意境精华。
传承国粹，匠心之诚，
在一榫一卯之间，一转一折之际，
让世界看到中国美。

越纯粹，越中国。

图 2-37　方正龙爪简体

三、段落文字排版

在版面设计时，文字排版是一个非常重要的组成部分。无论在何种视觉媒体中，文字排列组合的好坏，直接影响着版面的信息传达效果。因此，文字设计是增强视觉效果、提高作品诉求力、赋予版面审美价值的一种重要构成因素。

在进行文字排版的时候需要注意文字与文字之间的关系（图2-38），其中涵盖了字体的选择，字号与字距的设定，行长，行距、分栏和栏距等一些文字细节的重组调整，文字排版的目的是以阅读的清晰流畅为导向，通过设计手段，以文字自身进行编排组合，以恰当的视觉效果呈现出来。

字体　字号　字距　行长　行距　分栏　栏距

图 2-38　段落文本排版要注意的文字细节

1. 字体

衬线字的字体较易辨识，也因此具有较高的易读性。反之无衬线字则较醒目。通常来说，需要强调、突出的小篇幅文字一般使用无衬线字，而在长篇正文中，为了阅读的便利，一般使用衬线字。在中西文字结合应用中，中文的宋体和西文的衬线体、中文的黑体和西文的无衬线体，它们在风格和应用场景上相似，所以通常搭配使用。

2. 字号

（1）号数制

汉字大小定为七个号数等级——按：一号、二号、三号、四号、五号、六号、七号由大至小排列。在字号等级之间又增加一些字号，并取名为“小几号字”，如“小四号”“小五号”等。

这种字号等级中，数字越小，字号越大。

（2）磅数制

是目前国际上最通行的印刷字体的计量方法。这里的“点”是国际上计量字体大小的基本单位，从英文“Point”，译音而来，一般用小写“p”来表示，俗称“磅”。1p≈0.35mm，熟记这个尺寸换算，方便我们在设计时可以大致估算文字实际大小。

这种字号等级中，数字越大，对应的字号就越大，比如20p字就明显大于8p字。

12p字是几乎所有文本处理软件至今为止默认的正文字号，大部分人都认为12p是最适合阅读的字号，但在实际设计中，由于版面尺寸所限，12p作为正文字号大面积出现时，会由于个体文字存在感太强，造成版面不够协调。因此我们在设计时经常会选用更小的字号，使版面看上去更精致更有设计感。在许多版面中，10p字就挺合适。在名片设计中甚至可以降到7p或8p，商品包装上甚至可以用到6p。

字号选用多大并没有绝对标准（图2-39），而要根据具体设计内容来选择。通常，标题要比正文更大，在版面中比较重要的文字字号应该更大，版面尺寸大相应字号也应该大……不同字体相同字号视觉上并不是一样大小的，会因为不同的字形而产生大小差异，所以在字体运用中应考虑到这一差异。

设计师应根据文字的目的作用及读者对象设置字号大小，如根据设计载体离人的视线距离来设置文字的大小。近距离阅读时字号采用9～10p字，报纸杂志基本采用9p字（图2-40）；展板海报的观看距离为1～2m远，所以字号需加大（图2-41），以便人能够识别文字为准；户外广告路牌广告距离更远，很有可能达到10～20m，所以字号需加到更大（图2-42）。老年人、儿童由于视觉发育与老化问题，针对他们设计的文字字号也应该加大。

7p字对于名片来说已经足够了。

10p字适合阅读文章。

12p字大面积出现容易显得版面乱。

大字号显得比较重要。

图 2-39　不同磅数文字的大小

08 科普

“肉类传说”太多 让人直叹太难

24小时在线，缓解用户焦虑

在线诊疗 问诊“汹涌”

10米远测出你的体温

判刑！故意传播病毒

华为月底发布“5G全场景”

图 2-40　报纸字号正常

图 2-41　展览海报字号加大

图 2-42　户外广告字号加大

3. 字重

字体的“重量”是指字符之间的一种一致性关系，以及页面文本流对视觉产生的整体“明暗程度”（图2-43）。如果你为大段文字设置一种太过纤细的字体，视觉看上去白花花一片，阅读起来会有“视之若无物”之感，感觉轻飘飘的，读起来文字有飘忽不定感，自然会觉得费力；反之，如果你为大段文字设置一种很粗重的字体，视觉上会黑压压一片，感觉非常沉重，阅读起来要逐个分辨文字，同样会很费力，也不会有人愿意去读它。

文字排版
文字排版
文字排版
文字排版
文字排版
文字排版
文字排版

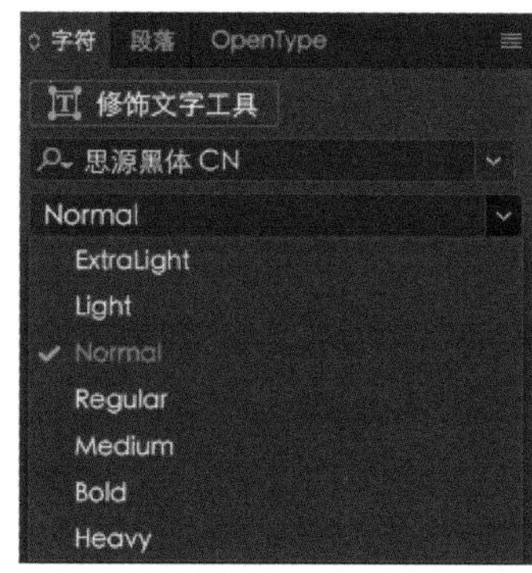

文字排版
文字排版
文字排版
文字排版
文字排版
文字排版
文字排版

图 2-43　同字号不同粗细的字重

4. 字距与行距

字间距是指每个文字之间的间距，我们经常简称字距。行间距是指从一行文字的底部到下面一行文字底部的间距，我们经常简称行距。在文字排版中，行距一定要大于字距，不然不仅影响阅读，还不美观（图2-44）。

通过视线流向分析会发现，字距小于行距时，文字能在视觉中形成横向流动，文字视觉顺序与文字内容顺序一致，阅读流畅（图2-45）。

反之，字距大于行距时，原本应该形成视觉横向流动的文字却变成了竖向流动，文字视觉顺序与文字内容顺序不一致，严重影响阅读流畅感（图2-46）。

田野里白天的风景和情形，有诗人把它写成美妙的诗，有画家把它画成生动的画。到了夜间，诗人喝了酒，有些醉了；画家呢，正在抱着精致的乐器低低地唱：都没有工夫到田野里来。

字距小于行距，受众在进行阅读时流畅顺利

田 野 里 白 天 的 风 景 和 情 形 ， 有 诗 人 把 它 写 成 美 妙 的 诗 ， 有 画 家 把 它 画 成 生 动 的 画 。 到 了 夜 间 ， 诗 人 喝 了 酒 ， 有 些 醉 了 ； 画 家 呢 ， 正 在 抱 着 精 致 的 乐 器 低 低 地 唱 ： 都 没 有 工 夫 到 田 野 里 来 。

字距接近行距，导致受众在进行阅读时不够流畅顺利

图 2-44　字距与行距关系

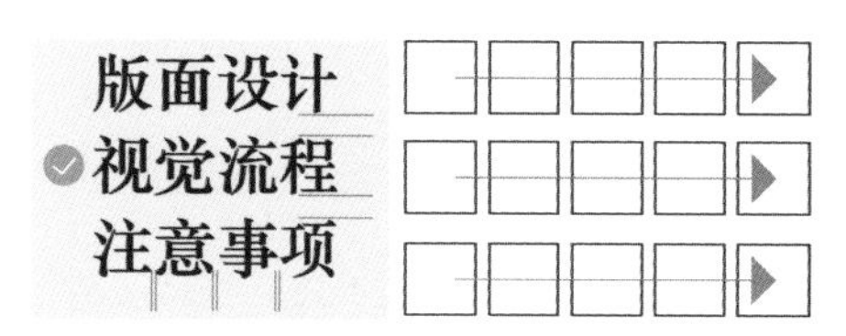

图 2-45　字距小于行距

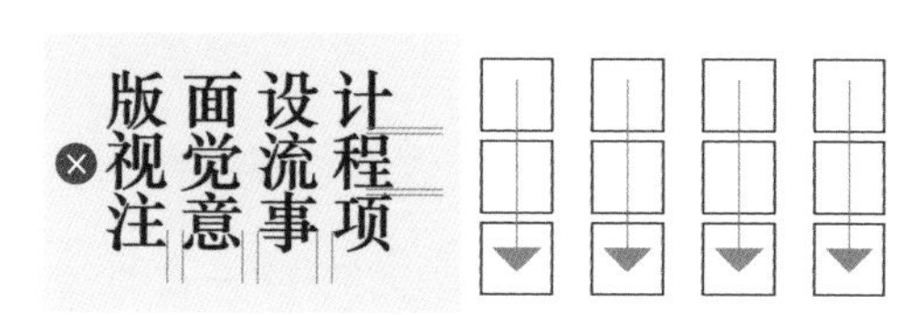

图 2-46　字距大于行距

5. 行长与分栏

（1）行长

指单行文字的长度，行长由一行中文字的多少决定，如果单行文字中包含的字数太多，文本内容将会很难阅读。英文字符一般在45～90字比较适宜，而中文35～60字为宜。合理的行长使读者视线在行间跳转时感到非常轻快和愉悦，反之则会使阅读成为一种负担。一般认为小五号（9p）字的字行长度超过90mm、五号（10.5p）字的字行长度超过110mm就会影响阅读的舒适度。

目前通行的书刊字行长度举例

①**大32开本**（140mm×203mm）字行长度：五号（10.5p）字，27～29字/行，100～108mm。

②**32开本**（130mm×184mm）字行长度：五号（10.5p）字，25～27字/行，92～100mm。
小五（9p）号，29～31字/行，92～98mm。

③**16开本**（188mm×260mm）字行长度：五号（10.5p）字，38～40字/行，146～150mm。
小五（9p）号，48～50字/行，150～156mm（这个字行长度，已超过了视觉舒适范围。因此除了极个别书刊偶有用五号字单行排，大多都采用双栏）。

（2）分栏

将文档中的文本分成两栏或多栏，是版面设计中的一种常见设计方法。一般用于多文字的大段文本排版。通栏就是左右不分栏，文字从版面最左边一直排到最右边，广告或者标题通常用通栏排版，在杂志和报纸排版正文时则经常会使用分栏。

要让长篇文章容易阅读，必须设定适当的行长与分栏（图2-47）。

分栏的设定以阅读时不需要明显改变面部的朝向为准（图2-48）。

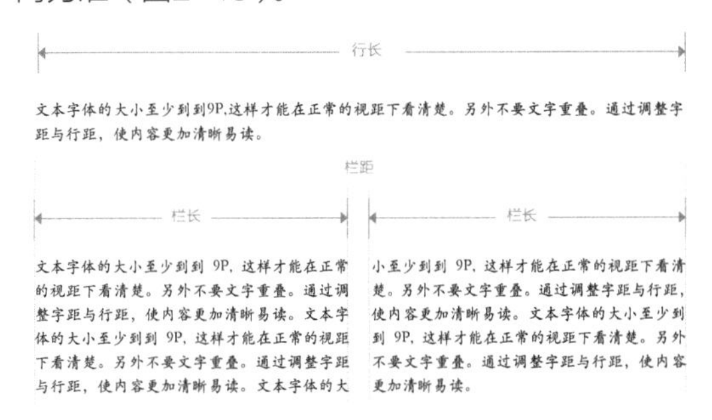

图 2-47　行长与分栏

一般行长以 10 ～ 15cm 的视线移动为阅读的舒适区，行长过长会难以阅读，可进行分栏处理

文本字体的大小至少到到 9P，这样才能在正常的视距下看清楚。另外不要文字重叠。通过调整字距与行距，使内容更加清晰易读。文本字体的大小至少到到 9P，这样才能在正常的视距下看清楚。另外不要文字重叠。通过调整字距与行距，使内容更加清晰易读。文本字体的大小至少到到 9P，这样才能在正常的视距下看清楚。另外不要文字重叠。通过调整字距与行距，使内容更加清晰易读。文本字体的大小至少到到 9P，这样才能在正常的视距下看清楚。另外不要文字重叠。通过调整字距与行距，使内容更加清晰易读。

通栏，行长太长，影响阅读

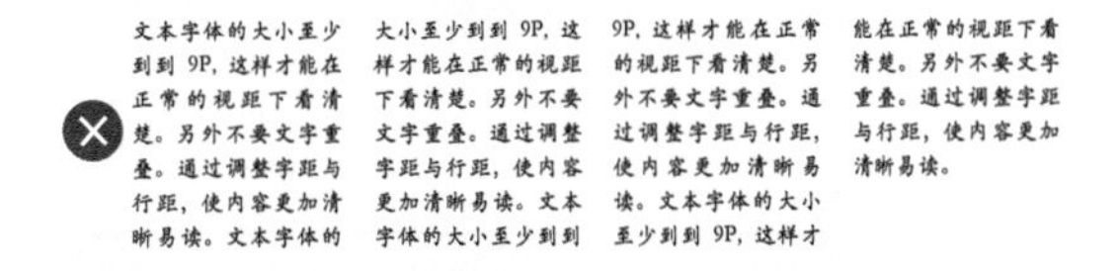

四栏，行长太短，影响阅读

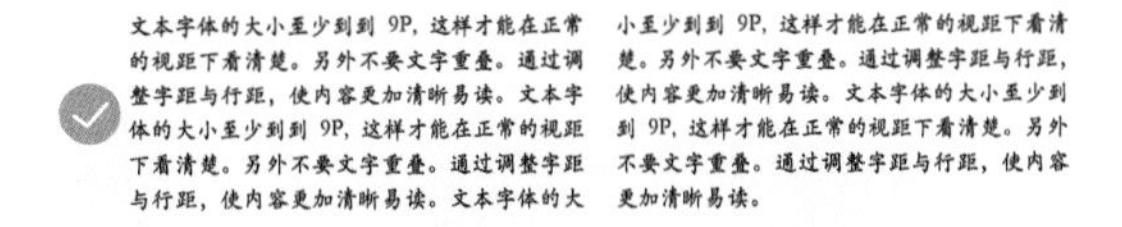

两栏，行长正常，阅读舒适

图 2-48　分栏对阅读舒适度的影响

6. 段落文字排版原则

在进行文字排版之前，要知道文章的中心思想，理解文字的意思。仔细分析文本（图2-49），明确大标题是什么？哪句是副标题？哪句是引言？哪些是正文？哪些文字需要重点表现？哪些需要加项目符号或图标？哪些是附录？

设计师在进行排版时，要通过文字的粗细、大小、颜色来明确文字层级关系（图2-50）。

结合字号变化和色彩形成文字层级关系，比单纯使用一种手段更为有效（图2-51）。

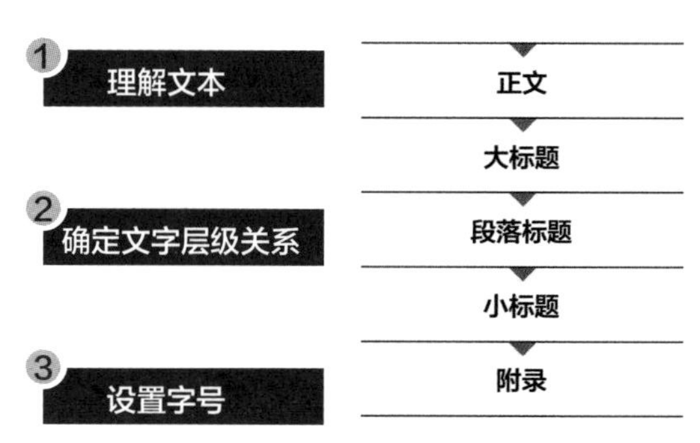

图2-49　梳理文字层级关系

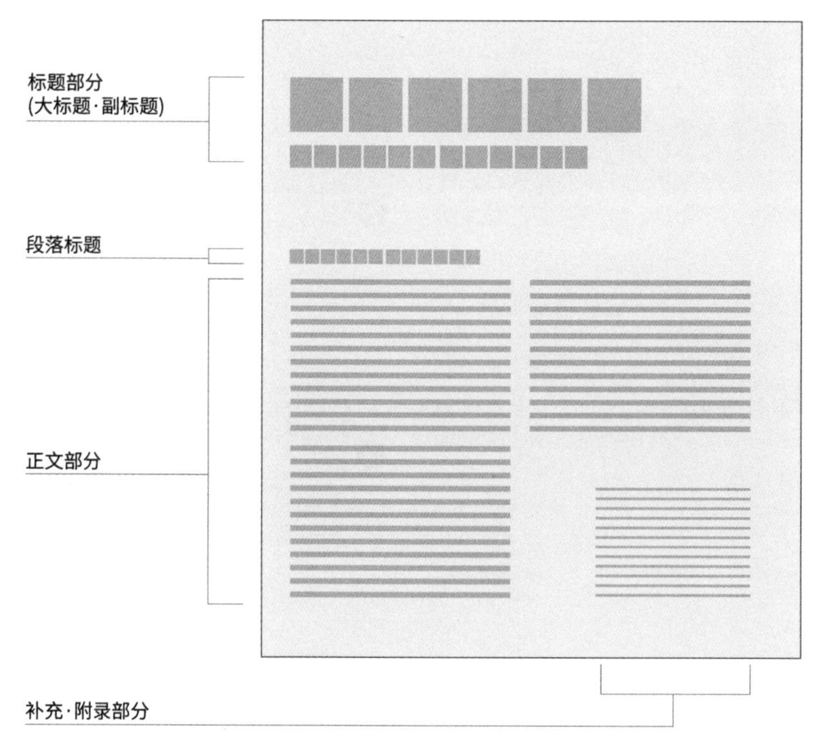

图2-50　明确文字层级关系

盐田国际集装箱码头折页
客户：盐田国际集装箱码头有限公司
设计：宋海燕

中文大标题：方正中宋，28p
英文大标题：Time new Roman，28p
中文小标题：方正中等线，18p，深灰色
英文小标题：Time new Roman，18p，蓝色

图 2-51　通过字号与色彩变化形成文字的层级关系

网页的版面设计需要清晰的文字层级关系，在进行文字排版时，不仅需要注意每一个版面上的大标题，小标题及正文的大小关系，也需要注意不同版面中同一层级关系文字的统一性（图2-52）。

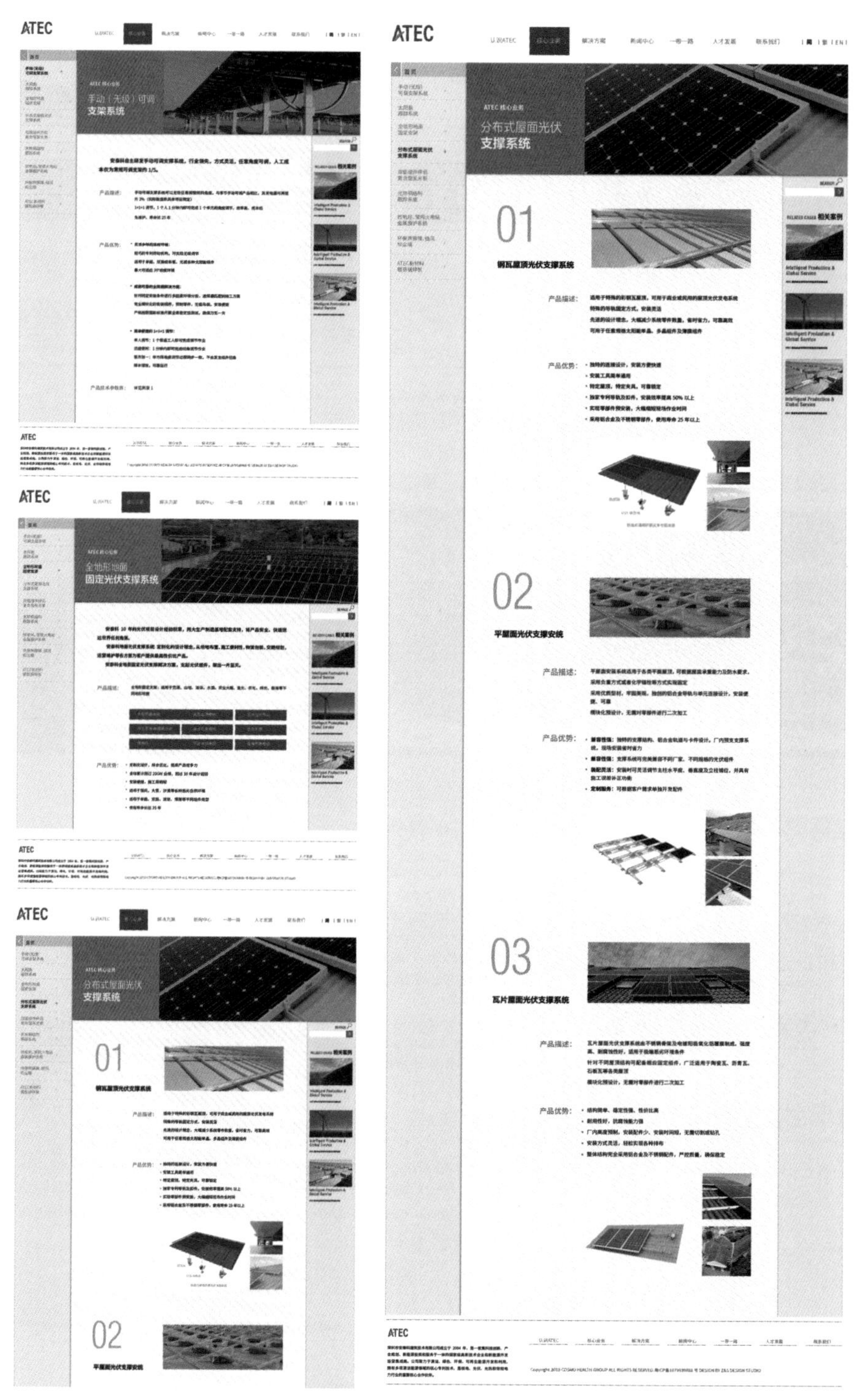

图 2-52　网页的层级关系

ATEC 企业网页版面
客户：安泰科能源环保有限公司
设计：宋海燕

四、文字图形化

图形的视觉吸引力比繁复的文字高80%，当今读图时代，越来越多的受众已不适应大量的纯文字阅读。文字图形化的设计运用，让传统文字具备了形象性、大众化的新面貌（图2-53），大大减轻了文字传播受地域、语言、文化差异的阻碍，扩大了信息的受众范围，从某种程度上也增加了信息传播效率。

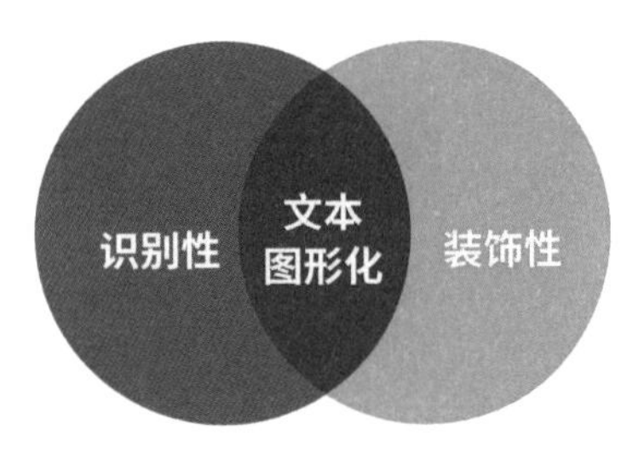

图 2-53　文本图形化兼具识别性和装饰性

1. 文字图形化的概念

文字图形化，是将原来只具有阅读的功能的文字形态进行图形化处理，将图形具象性加入到抽象文字中（图2-54），既要保留文字的真实含义，又要能准确传达和烘托内容的主题，使文字具备精准的信息传达性和图形的美观性。通过改变以往常规的文本呈现方式，夸张、变形等图形创意手法与文字进行结合产生出新的视觉形象（图2-55），从而提升版面的视觉吸引力。

读图时代，单纯的文字早已无法满足人们快速阅读的要求，文字图形化，具备了图形的直观性和形象性，读者对信息的理解力大幅提升，能更快获得信息的主要内容。通俗易懂的信息（图2-56），才能让更多人愿意主动接收，大大提高信息传递速度与广度。

图形化的文字，可以用直观形象的特性进行信息传递，打破了文字在不同国家和地区的阅读障碍（图2-57），降低了语言、地域和文化差异对文字内容的理解障碍。

图 2-54　具有形象特征的文本

图 2-55　像图形的文本

图 2-56　有地铁线路图形式感的文本

图 2-57　具有藏文特征的汉字文本

2. 文字图形化表现手法

（1）插画文字

用绘制插画的手段制作文字，文字极富装饰性（图2-58）。

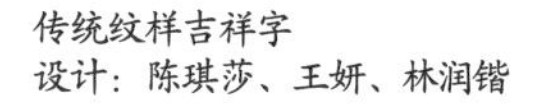
传统纹样吉祥字
设计：陈琪莎、王妍、林润锴

中国“喜”文化招贴设计，
围屋图形组成的“喜”字

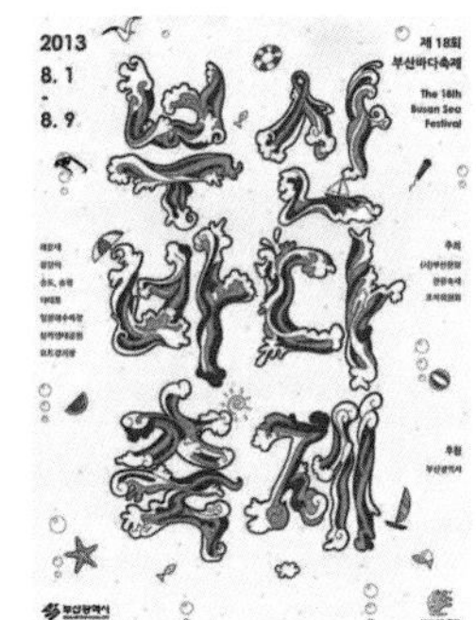

图 2-58　插画文字

（2）图片填充文字

选用笔画较粗的字体，在文字的形状轮廓里填充合适的图片，图中有字，字中有图（图2-59）。

图 2-59　图片填充文字

（3）笔画创意文字

字体创意在版面设计中是必不可少的，版面中的标题性文字通过错位（图2-60）、合并（图2-61）、连笔（图2-62）、删笔（图2-63）、勾边（图2-64）、融合（图2-65）等字体创意设计方法在笔画与字形上做文章，使文本打破单个文字状态，具有图形特征，创意性和设计感比较强。

图 2-60　标题文字错位设计

图 2-61　合并笔画手法进行的文字设计

字与字之间某些笔画甚至整个字根据特点合并共用，文字形成一个整体

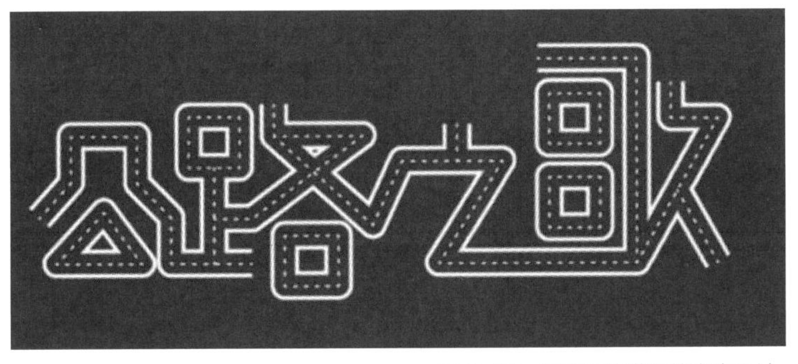

图 2-62　连笔手法进行的文字设计

字与字之间笔画根据特点顺势相连，让字体设计更显整体性

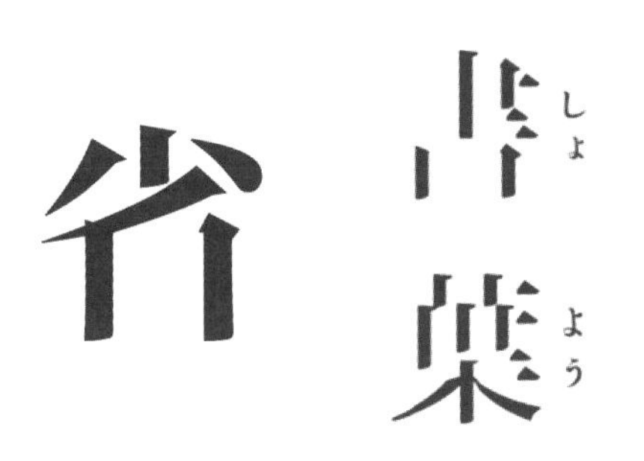

图 2-63　删笔手法进行的文字设计

删减省略文字中某些笔画，突出文字的特点，以删减笔画后依然能够认出字义为准则

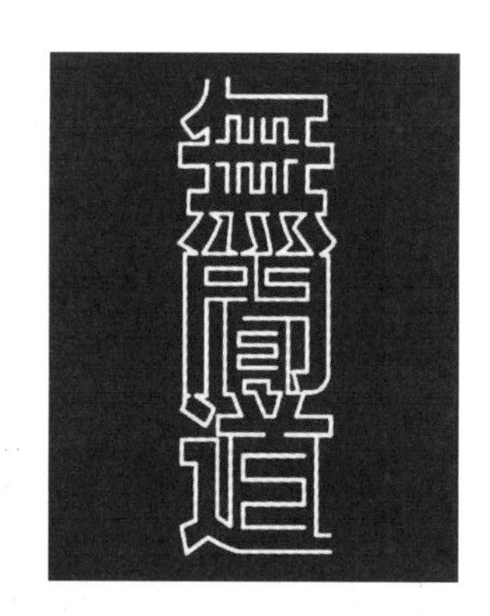

图 2-64　勾边手法进行的文字设计

以字体的笔画轮廓为造型，笔画中间留白。又叫空心字

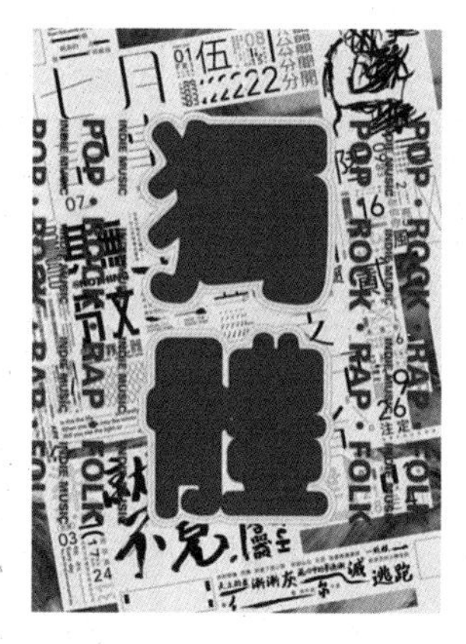

图 2-65　融合手法进行的文字设计

以字体的外轮廓为造型，中间笔画融合成一个面。装饰性强，但会减弱文字的识别性

（4）实物文字

以生活中的物体通过重复、排列等手法，拼接出字体的造型（图2-66），主要是体现在形式和材质上的新颖。

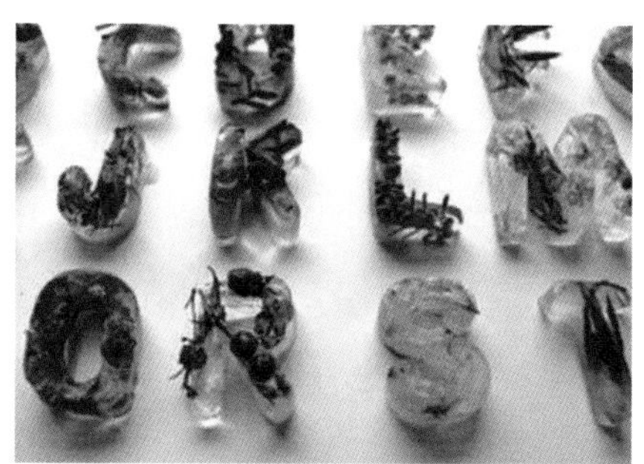

图 2-66　实物文字

3. 文字图形化在版面中的应用

文字是构筑版面信息的基本元素，当文字功能由叙述信息向表现信息提升时，文字与版面中其他构成元素共同构成一个完整的视觉界面。如此看来，文字成为传达信息与深化概念不可或缺的视觉要素，而文字图形化在版面设计手段中占有极大的权重。

（1）按视觉强弱程度整理文字

重要的文字强化与版面其他视觉元素的视觉对比。次重要文字，视觉吸引力上会比弱化文字强，但要比重要文字弱。需要弱化的文字，以点的形式存在画面中。视觉对比的强、中、弱是文字层次关系最关键的内容，也是文字设计的重中之重。文字层次关系在设计时并不复杂，只要设计师对文字的逻辑关系把握清晰，运用最简单的大小对比也可以完成（图2-67）。

图 2-67　文字大小不同，在版面上的视觉强弱也不同

（2）挑选可以充当图形的文字进行图形化

一般选用重要文字来设计。可以是文本块形式上的变化，也可以直接利用字母笔画来变化（图2-68）。图形化的文字比纯文本更容易吸引视线。如果字义与色彩配合得当，会使版面更具吸引力（图2-69）。

图 2-68　重要文字图形化设计

进行文字图形化处理。将“月满中秋”这个关键词进行图形化设计，整体呈现圆月形态

图 2-69　图形化文字为主视觉的版面

配合画面整体深蓝紫色的背景，并与月亮等中秋相关图形结合起来。图形化的文字起到了吸引视线的作用

茜美床垫中秋促销海报

客户：茜美床垫有限公司

设计：宋海燕

第二节 版面中的图片要素

图片在版面构成中，占有很大的比重，图片在视觉传达上能辅助文字，帮助理解，更可以使版面立体、真实。因为图片能具体而直接地把我们的意念高素质、高境界地表现出来，使本来平淡的事物变成强而有力的诉求性画面，充满了更强烈的创造性。图片在版面构成要素中，形成了独特的性格以及吸引视觉的重要素材。它具有两大功能：视觉效果和导读效果。

一、图片的形式

图片的形式包含三种基本形式（图2-70），最基本、最简单、最常见的矩形图片；充满版面，具有向外扩张、自由、舒展的感觉的出血图片；经过退底、剪裁等手段处理过的不规则图片。这几种图片形式经过组合、创造性地加工处理，能在版面中呈现出丰富多样的视觉感受。

图 2-70　图片的三种基本形式

1. 矩形图片

矩形图片是图片中最基本、最简单、最常见的表现形式（图2-71）。它能完整地传达诉求主题，富有直接性、亲和性。构成后的版面稳重、安静、严谨、大方，较容易与读者沟通。

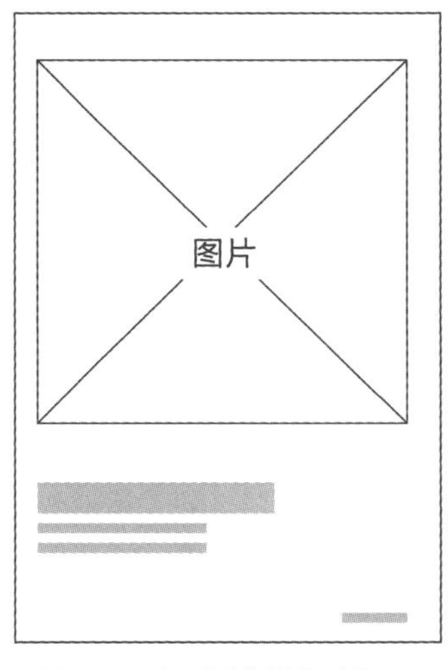

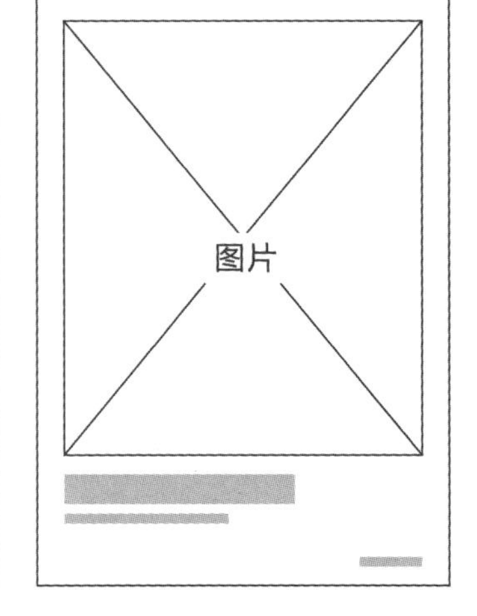

图 2-71　矩形图片基本形式

2. 出血图片

指图片充满整个版面（图2-72），版面没有边空，具有向外扩张、自由、舒展的感觉。出血图片构成的版面，现场感非常强，与读者的距离较近。

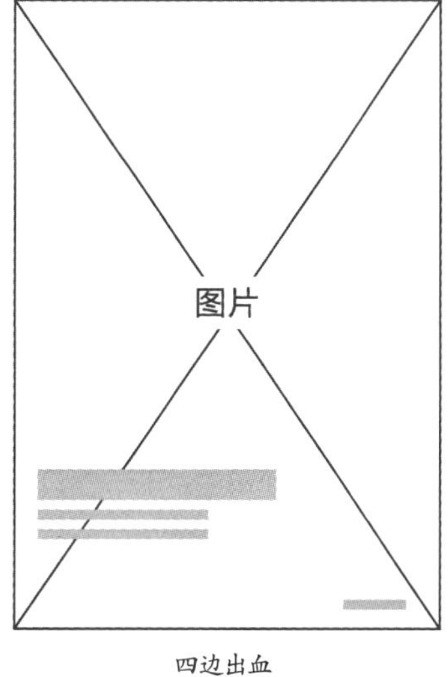

四边出血

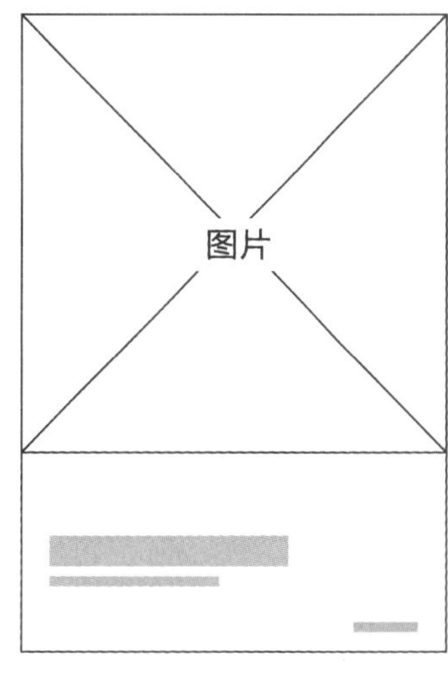

三边出血

图 2-72　出血图片基本形式

3. 不规则图片

根据版面内容所需，将图片通过退底、裁剪等方法改变外轮廓形状。由于图片边缘线不是直线，显得灵活而自由，给人轻松、平易近人的亲切感。

（1）退底

沿着主体轮廓进行裁切，将图片的背景信息删除，仅留主体的形式（图2-73）。也是退底图中最常见的处理方式。退底后的不规则图片轮廓让画面气氛活跃。

图 2-73　全退底图片

也可以沿着部分主体轮廓，将背景局部退底（图2-74）。由于保留了部分背景，版面更具趣味性，既有矩形图片的严谨，又融合了退底图片的自由，能很好地增强画面的空间感与立体感。

图 2-74　局部退底图片

（2）裁剪

将主体轮廓粗略随意地抠除，类似于剪切拼贴的效果（图2-75），随意的裁剪轮廓给人粗犷奔放的印象，能够传递出朋克、散漫、青春等版面氛围。

也可以进行几何形状的裁剪（图2-76），表达出活跃中带有规律的韵律效果。

图 2-75　粗略剪切图片

图 2-76　几何形状图片

（3）综合加工

将退底图片按照一定的形状来进行约束或者组合融合（图2-77），创造性地加工处理，使图片产生出融合、叠加、透视、镂空等特殊的视觉效果。

图 2-77　综合加工图片

二、图片的数量

图片的数量多寡（图2-78），既可影响版面的视觉表现力，也可影响到读者的阅读兴趣。版面上图片数量的多少，最重要的是要根据版面的内容来精心安排，其次则取决于设计素材和客户的需求。

单幅图片　　两幅图片　　多幅图片

图 2-78　常见版面图片数量

1. 单幅图片

版面只有一张图片（图2-79），图片的质量往往能决定人们对整个版面的印象。单张图片能体现版面格调高雅的视觉效果。

图 2-79　一张图片

2. 两幅图片

两张图片（图2-80），版面会显得活跃一些。这时版面需要运用对比来区分图片间的主次。

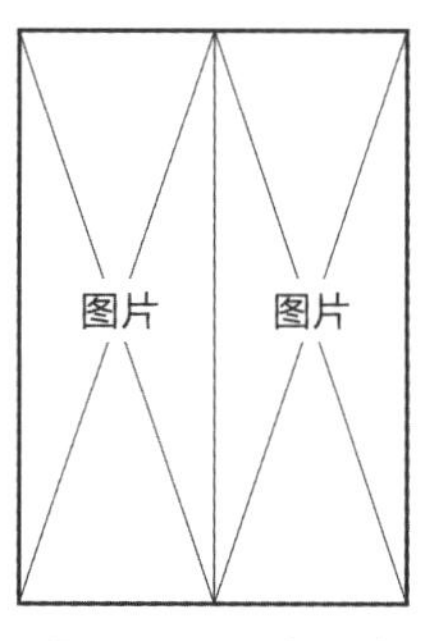

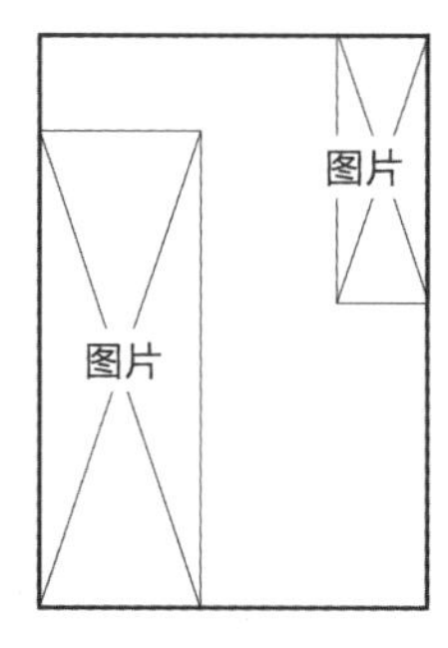

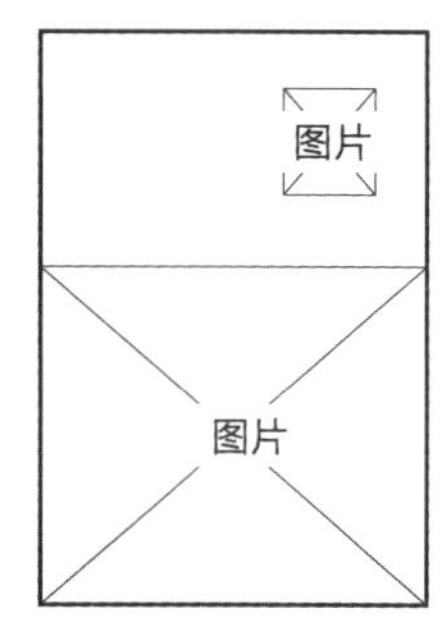

图 2-80　两张图片

3. 多幅图片

图片增加到三张以上（图2-81），就能营造出很热闹的版面氛围，有了浏览的余地。多张图片非常适合于介绍性的、热闹的和新闻性强的版面。

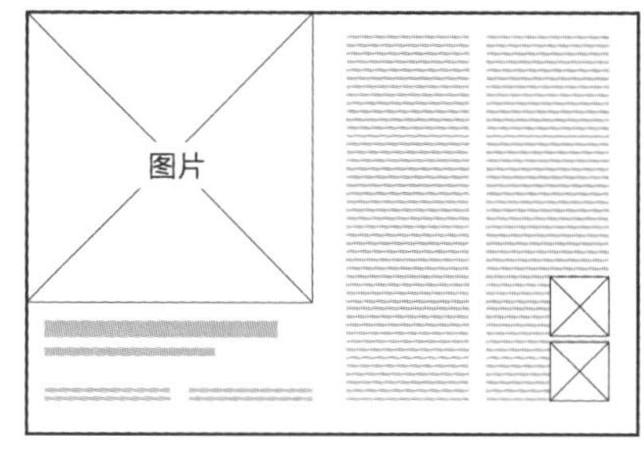

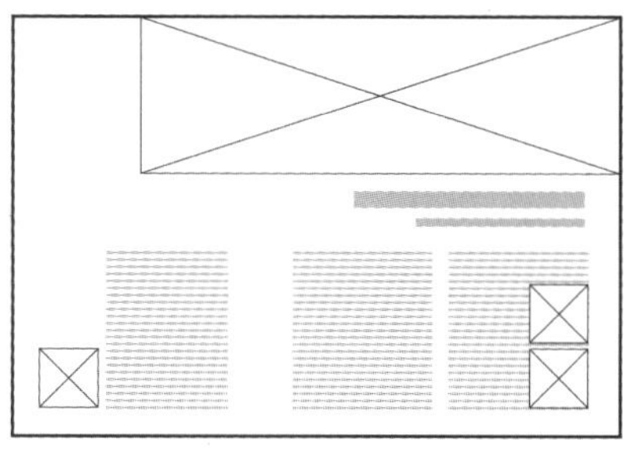

图 2-81　多张图片

三、图片的组合

图片组合，就是把数张图片（一般是多幅图片）安排在同一版面中时，图片之间采用什么样的方式组合起来产生内在的联系，在版面中具有整体感，而不是相互孤立的。常见有块状组合与散点组合。

1. 块状组合

将版面中多张图片按照一个虚拟的框组合起来，结合色块、图片裁剪形成一大块图片组，多见矩形块状组合。这种组合强调图片与图片之间的直线、间距、垂直线和水平线的分割，版面中文字与图片相对独立，组合后的图片形成一个大块整体（图2-82），规矩大方、富于理性，具有秩序化和条理感。

图 2-82　图片块状组合

深圳安泰科建筑有限公司展板设计
客户：深圳安泰科建筑有限公司
设计：宋海燕

2. 散点组合

一个版面中多张图片互相之间不直接接触，保持相对独立的状态（图2-83）。这种组合强调图片与图片之间的分散安排，看似随意的组合形式形成相对轻松自由的视觉感受。图片可与文字混排，具有亲和感。在设计时需要严格遵守版心、图片、文字之间的对齐关系，图片与文本的间距关系等版面规范，使最终的设计效果形散而神不散。

图 2-83　图片散点组合

重庆玮兰全山棕床垫活动海报
客户：重庆玮兰家具有限公司
设计：宋海燕

四、图片的位置

图片放置的位置，直接关系到版面的构图布局。版面中的左右上下及对角线的四角都是视线的焦点（图2-84）。在这些点上恰到好处地安排图片，版面的视觉冲击力就会明显地表露出来。

版面中心　版面四角　版面边缘　版面对角线　版面中轴线

图 2-84　图片常见放置位置

1. 版面中心

图片处于绝对中心的位置（图2-85），视觉冲击力最强，整体最稳固。常用于图片作为版面的绝对主体时。

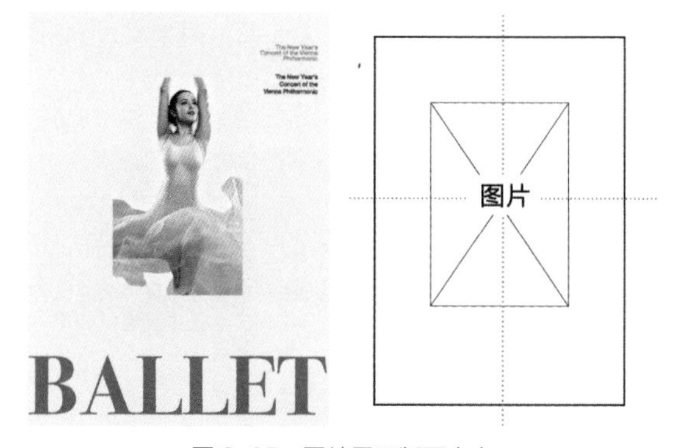

图 2-85　图片置于版面中心

2. 版面四角

图片放在版面角落（图2-86）上，会显得不太重要，有松散、扩散的感觉，四角都占满时有安定感。常用于图片与版面中心具有向心或放射关系时。

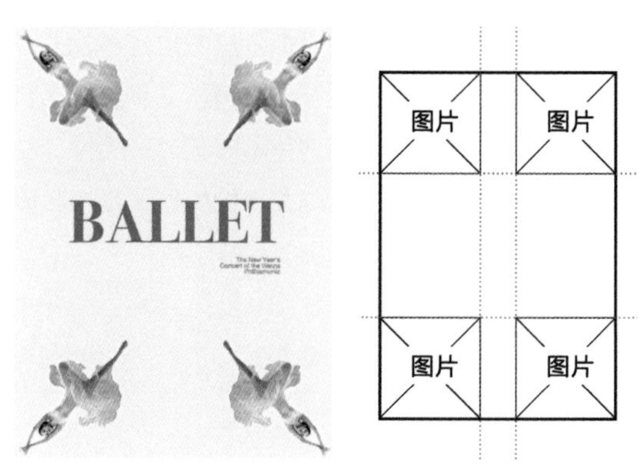

图 2-86　图片置于版面四角

3. 版面边缘

版面四边（图2-87）均可放置图片，四边都占满会有画框的感觉，装饰性强，同时也会减弱图片的重要感和完整性。四边不占满，或者图片刻意采用不规则形态和大小穿插，只要注意版面均衡，很容易表达出轻松自由感。

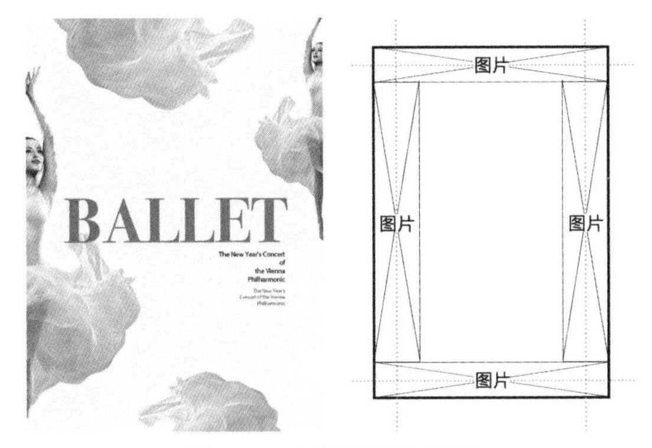

图 2-87　图片置于版面边缘

4. 版面对角线

图片沿版面对角线放置（图2-88），斜线会制造面的动感。分割版面产生的动线和力场可以在整个版面空间形成不稳定的视觉效果。图片作为版面制造动感的主体时常置于这种动线位置。

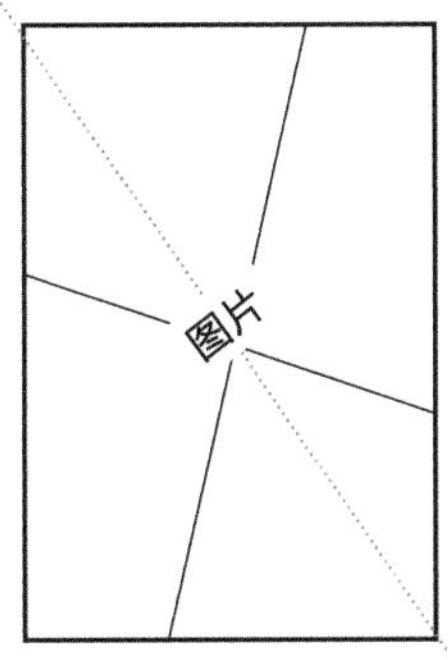

图 2-88　图片置于版面对角线

5. 版面中轴线

细长条的图片，适合放置于版面中轴线（图2-89）。水平、垂直图片均可起到对称分割版面的作用，哪怕图片形状不规则，版面的平衡也不容易被打破。配合大小图片的穿插，可以营造均衡感的版面效果。

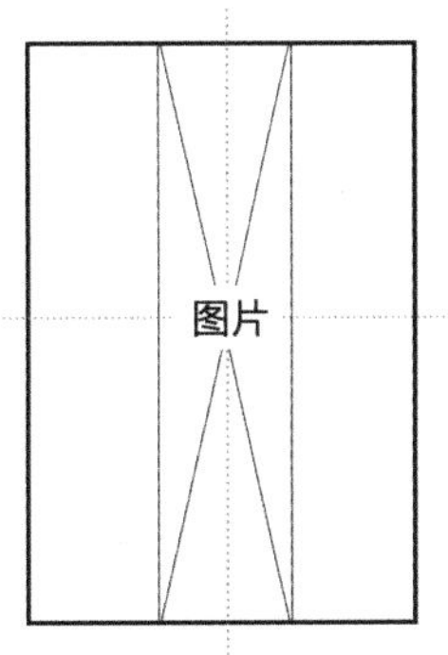

图 2-89　图片置于版面中轴线

五、图片的内容

1. 图片的动势及主体方向

图片方向感的强弱，可制造出版面的视觉动势（图2-90）。方向感强则动势强，产生的视觉感应就强。反之则会平淡无奇。图片的方向感可通过人物的动态方向、视线的方向等方面的变化来获得，也可借助近景、中景和远景来达到。

排版时图片处理需考虑人物的视线方向（图2-91）。

图 2-90　图片因人物而产生不同的方向感

人物视线朝向的方向面积大，会给人舒适感，图片中人物的视觉方向会有指引作用。文字会放在视线朝向的方向

人物面部朝向的方向面积小，会产生压抑感。在特殊情况下使用时，能产生特殊的版面效果

图 2-91　人物视线朝向引导

2. 图片的风格特征

每张图片都会有属于自身的特质，如平静（图2-92）、动感（图2-93）、速度（图2-94）等。在确定好设计方案的风格后，就需要对所提供的图片进行挑选。

图 2-92　平静

图 2-93　动感

图 2-94　速度

可通过对图片进行处理达到设计所需要的风格特点的图片。比如调色（图2-95）、旋转（图2-96）等简单手段。

图 2-95　通过色彩的改变让宁静的图片具有魔幻感

图 2-96　通过旋转使图片具有动感

3. 图片的裁剪

设计师拿到的图片往往是无法完全符合设计需求的，我们可以通过裁剪进行处理，比如保留不同的图片局部，传达不同的侧重点（图2-97）；改变图片的主次关系（图2-98）；同一张图片截取多个局部成为多张图片，设计成系列版面（图2-99），由于图片同源，光线、色彩、场景等原本就是和谐的，视觉会非常统一。

人物与环境交代清晰

裁剪图片时未注意图片中各内容的关联性

图 2-97　通过裁剪取舍交代场景与环境

原图片

处理后，画面主体有明显不同

图 2-98　通过裁剪改变图片内容的主次

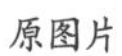

原图片

处理后

图 2-99　通过裁剪设计成系列版面

六、图片的层级

当拿到项目方的图片资料（图2-100）时，设计师需要根据项目方的需求，确定图片的风格、主次、与文字内容的关系等，即对图片进行层级关系梳理。这决定了版面设计出来是否重点突出、主次分明、信息传达无误。

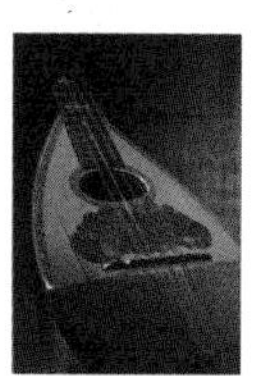

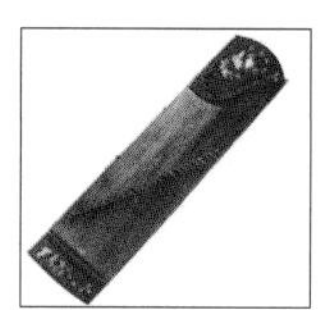
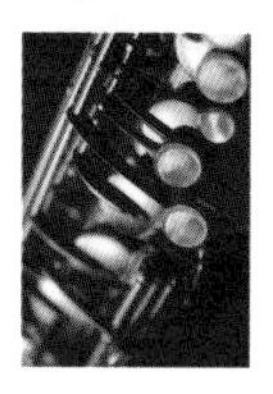

图 2-100　未分类图片

这是一批项目方的图片资料，数量多，画面风格也不统一

1. 图片的分类

所有图片都有内容、色调、尺寸、形状等方面的各自特点区别，我们要对素材图片进行分类，就是要找出图片之间的异同，给它们进行按类分组。这些类别可以包括功能分类（图2-101）、主体对象分类（图2-102）、色调分类（图2-103）、图片表现手段分类（图2-104）等。

民乐类

西洋乐类

图 2-101　按功能分类

演奏类

乐器类

图 2-102　按主体对象分类

深色类

浅色类

图 2-103 按色调分类

带环境的演奏场景类

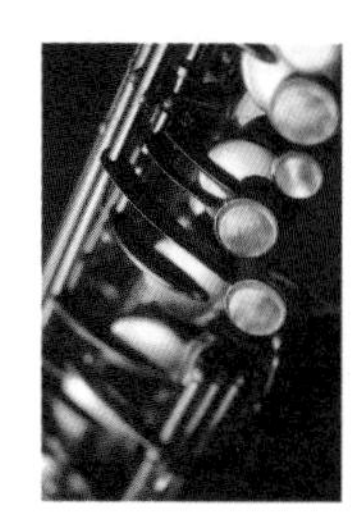

带环境的乐器局部类

不带环境的乐器类

图 2-104 按图片表现手段分类

2. 图片的排序

初步分类，实际上是对图片的一个熟悉过程。这时候，再根据与项目方的沟通交流，明确项目的核心思想，将图片按重要程度进行排序（图2-105）。不同的项目侧重点能影响图片的排序。

了解到项目是主要介绍演奏会，因此我们将三张内容为演奏场景的图片挑出来作为第一层级主要图片（图2-106）。将其他的图片按与主要图片的关联度程度进行排列，确定带场景的乐器图片作为第二层级辅助图片（图2-107）。剩下一组不带场景的乐器图片则成为第三层级补充图片（图2-108）。辅助图片与补充图片在图片背景上就有了区分。如果版面不允许出现太多图片时，可考虑不使用补充图片。

进行项目分析

▼

确定主要形象图片

▼

确定辅助形象图片

▼

确定辅助图片

图 2-105　图片排序步骤

图 2-106　第一层级主要图片

图 2-107　第二层级辅助图片

图 2-108　第三层级补充图片

图片排序不是一成不变的，没有定式。不同的项目需求会有不同的侧重点，相同的图片因项目需求的不同会改变排序。

如果项目的重点是介绍乐器，那么重点是乐器的图片（图2-109），与演奏场景相关的图片将排序靠后（图2-110）。

如果项目的重点是介绍西洋乐器（图2-111），那么民乐乐器和演奏的图片（图2-112）排序需要靠后。

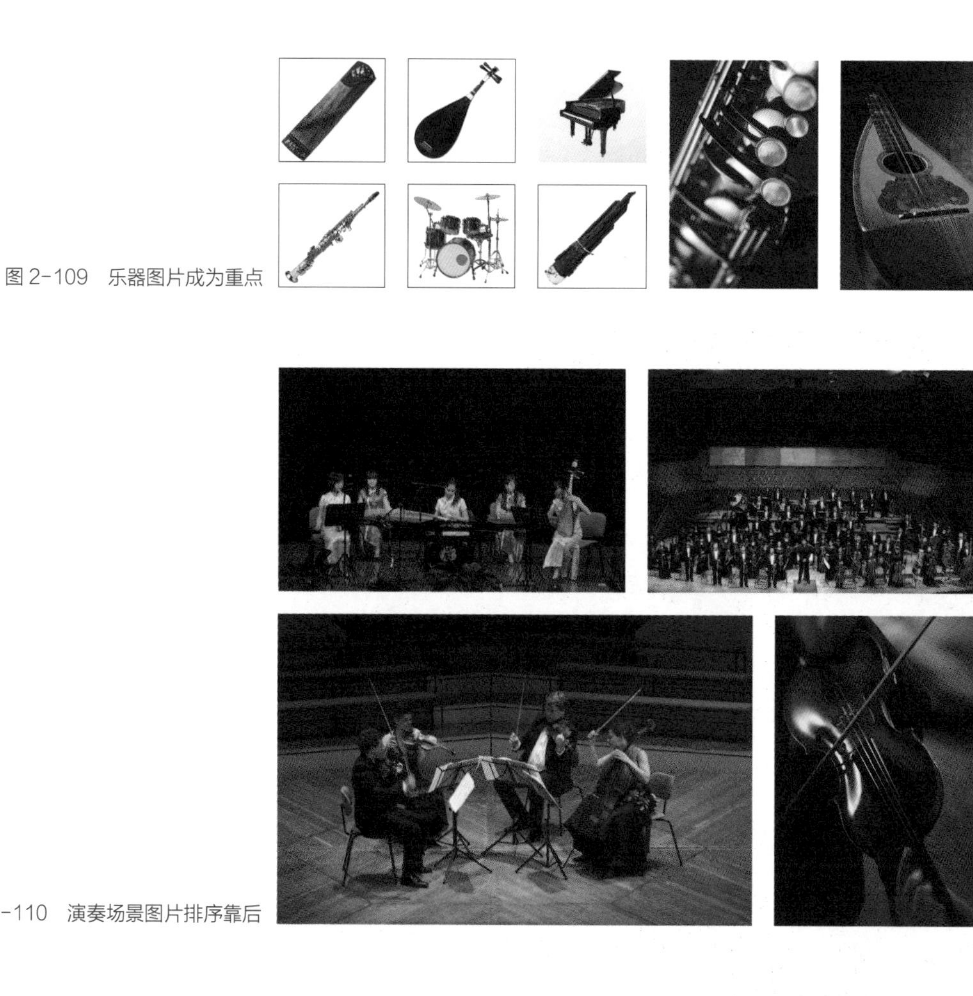

图 2-109　乐器图片成为重点

图 2-110　演奏场景图片排序靠后

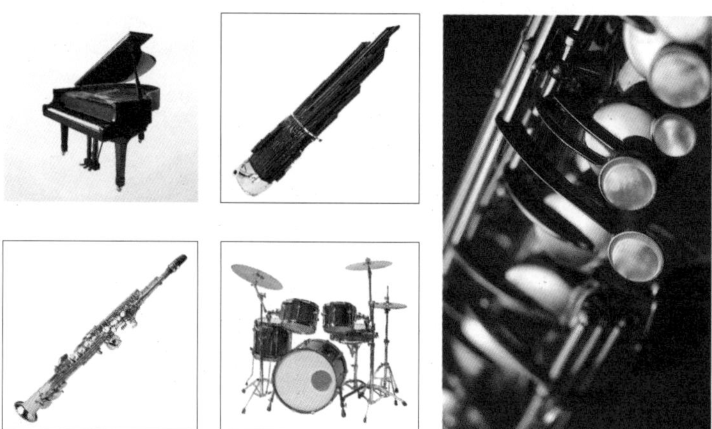

图 2-111　西洋乐器图片排序靠前

图 2-112　民乐乐器和演奏图片排序靠后

3. 图片的尺寸

开始设计出草案时，就要对图片的尺寸面积进行规划。尺寸大小对比可以强调图片的层级关系、尺寸比例能很直观快速地展示出版面的主要内容和信息传播的侧重点。同一批图片在主要内容和侧重点不同的版面中呈现出来的面积大小会有所不同。

项目方要求用两页杂志内页介绍这个乐团，那么整个乐团的表演的图片绝对应该作为最重要图片进行放大处理。其他的乐器等图片则应该处于辅助地位，尺寸及在版面中的位置都要从属于主要图片（图2-113）。

如果这两页主要是介绍这个乐团的乐器构成，那么乐团表演的图片仍旧应该作为重要图片进行放大，因为只有这张图片能完整地展示出一个乐团表演时所有的乐器种类。重点乐器作为主辅助图片，配合解说文字占据页面较大区域位置。其他图片则作为补充图片（图2-114）。如果页面放不下，这些补充图片是可以不放到页面中的，并不会对文章内容的完整性有太大影响。

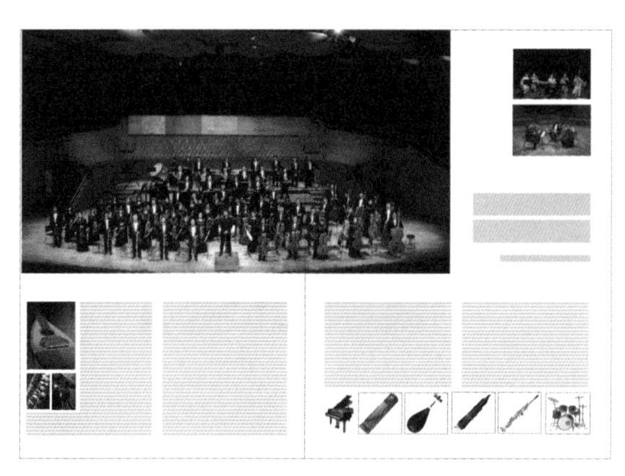

图 2-113　介绍乐团的排版

第一层级（红色）重要图片放大
第二层级（蓝色）辅助图片
第三层级（灰色）补充图片

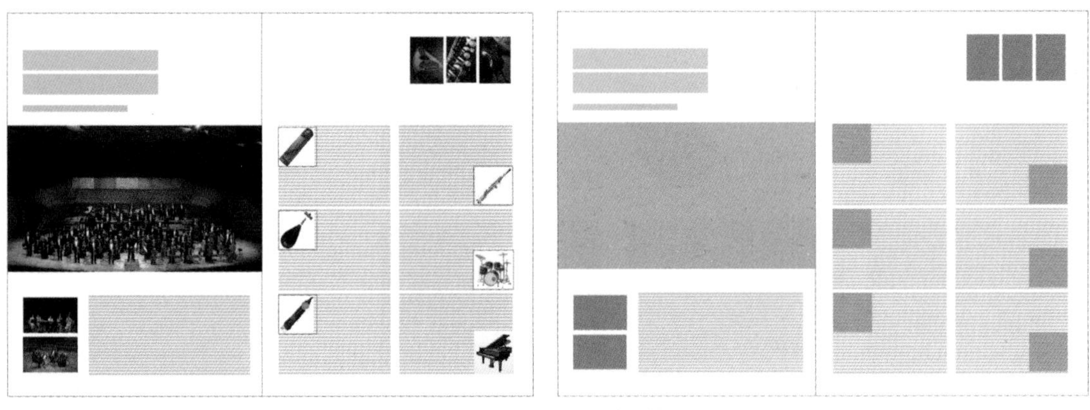

图 2-114　介绍乐器构成的排版

第一层级（红色）重要图片放大
第二层级（蓝色）辅助图片
第三层级（灰色）补充图片

下面我们看几个案例。

例 水能量男仕SPA杂志广告（图2-115）

第一层级，形象图片作为主图进行放大处理。第二层级，功能图片作为辅图进行缩小处理。

图 2-115　水能量男仕 SPA 杂志广告

客户：长沙水能量男仕 SPA 有限公司
设计：宋海燕

例 深圳安泰科建筑有限公司德国业务会推荐系列展板（图2-116）

根据客户要求在设计中对图片进行大小的处理，形成主次关系。

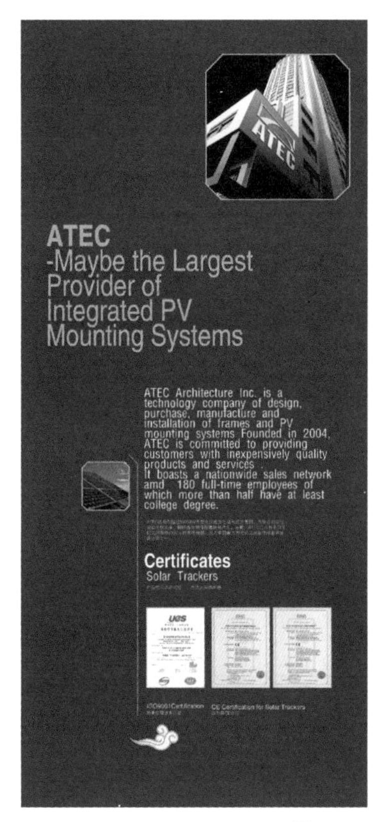

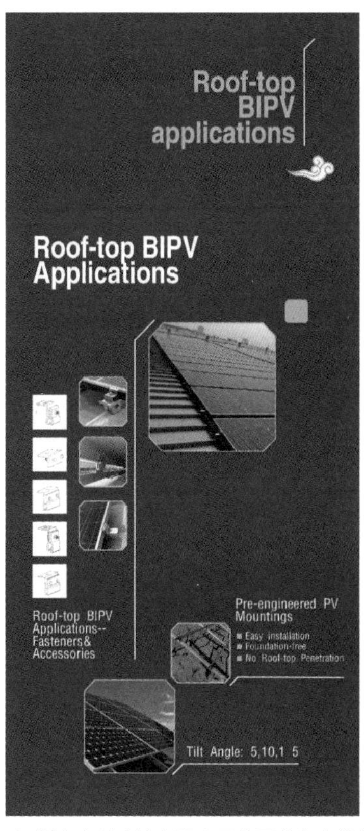

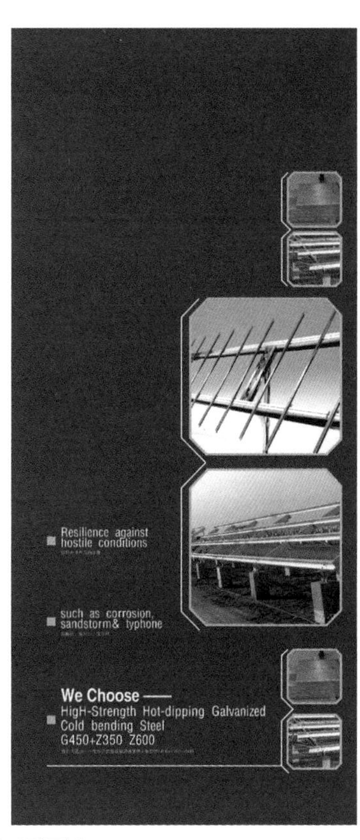

图 2-116 深圳安泰科建筑有限公司德国业务会推荐系列展板

客户：深圳安泰科建筑有限公司

设计：宋海燕

第一层级（图2-117），公司大楼的照片体现公司的形象与实力。

第二层级（图2-118），公司的主要业务辅助说明公司的业务范围。

第三层级（图2-119），公司的认证证书补充说明公司的实力。

图 2-117 第一层级

图 2-118 第二层级

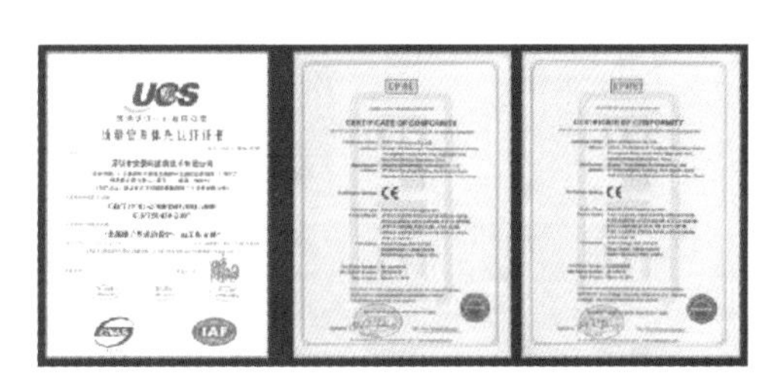

图 2-119 第三层级

例 深圳安泰科建筑有限公司画册（图2-120）

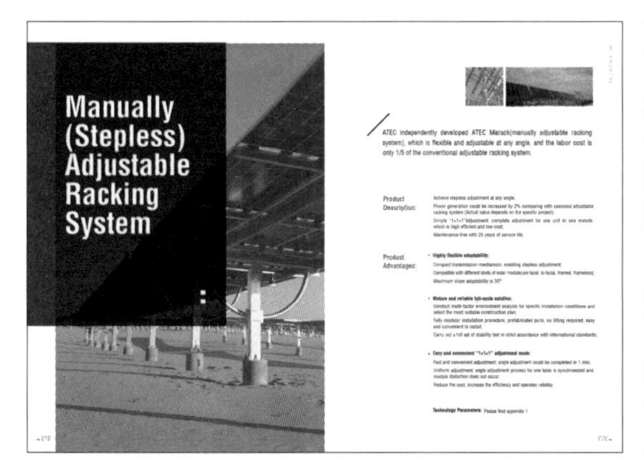

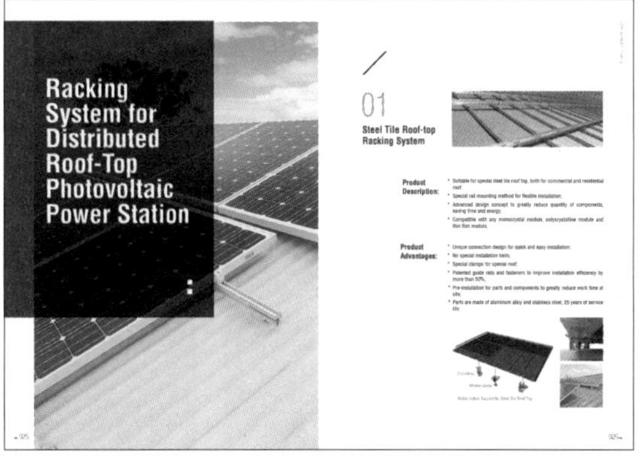

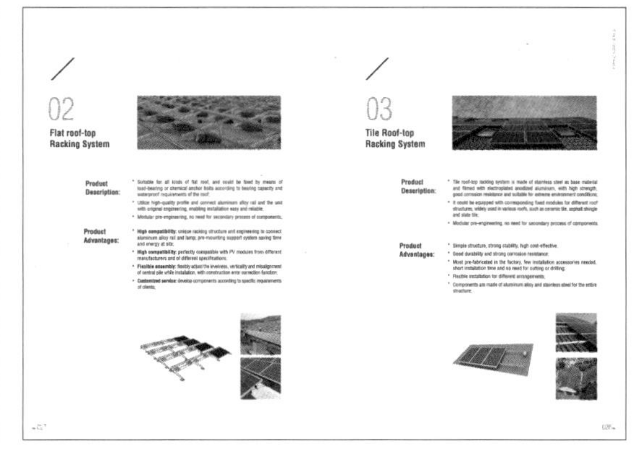

图 2-120　深圳安泰科建筑有限公司画册

客户：深圳安泰科建筑有限公司
设计：宋海燕

页面较多的情况下，应严格保持整体的层级关系，以保障信息传达的准确和阅读的顺畅。同层级的图片尺寸保持一致是常用而且有效的办法（图2-121）。

第一层级（红色框），项目主形象图片，同一层级关系图片尺寸一致。

第二层级（绿色框），功能性图片按照重要程度进行大小区分，同一层级关系图片尺寸一致。

第三层级（黄色框），说明性图片，同一层级关系图片尺寸一致。

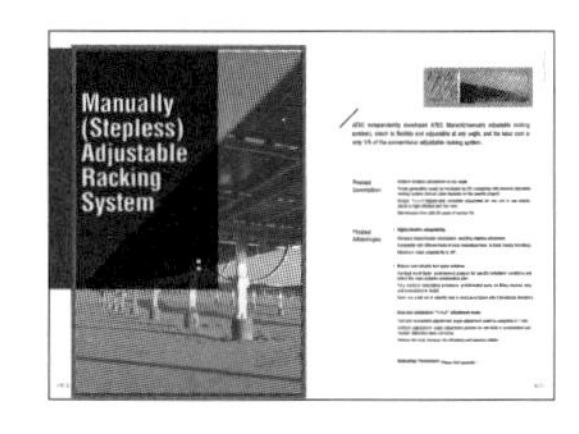

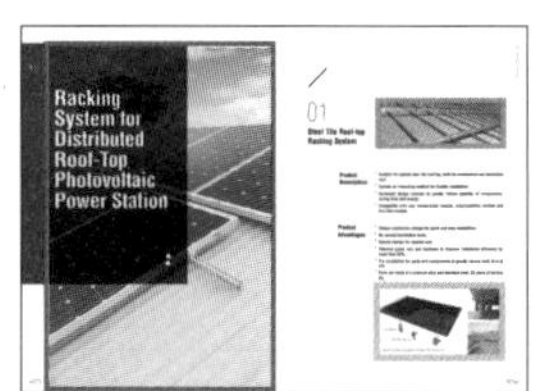

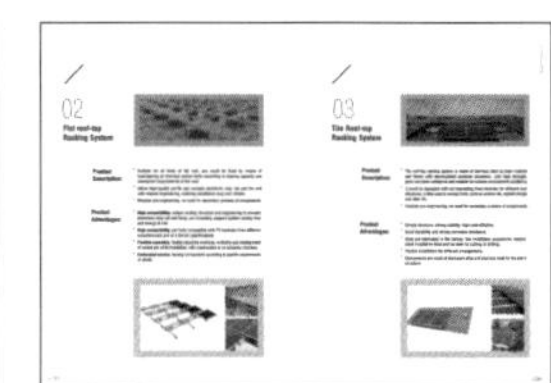

图 2-121　同一层级关系图片尺寸一致

第三节 版面中的色彩要素

与版面中的文字、图形等视觉元素相比，版面的色彩设计能最快捷地营造版面整体的情绪化气氛，体现版面文字的意图。一直以来，色彩给人第一视觉印象极其深远，常常具有先声夺人的艺术魅力。色彩不仅仅是一种版面元素，同时还能微妙地表达情感和情绪。所以，在文字和图片基础上，版面色彩应用技巧在版面设计中尤为重要。

一、色彩基本知识

1. 色彩三要素——色相、纯度、明度

色相、纯度、明度，是描述色彩的三个要素。色彩三要素配比的灵活变化，使色彩显得极其丰富。孟塞尔色立体（图2-122）是由美国艺术家阿尔伯特·孟塞尔（Albert H.Munsell，1858—1918年）在1898年创制的，是一种用颜色立体模型表示颜色的方法。

它是一个三维类似球体的空间模型，把物体各种表面色的三种基本属性色相、饱和度、明度全部表示出来。以颜色的视觉特性来制定颜色分类和标定系统，纵向轴为明度阶，水平轴为纯度阶，圆周则为色相变化区，我们称之为色相环。整个色立体以这三种维度，把各种目视色彩表面色的特征表达出来。国际上广泛采用孟塞尔颜色系统作为分类和标定颜色的方法。

图 2-122　孟塞尔色立体

（1）色相

各类色彩的相貌称谓，如大红、紫红、湖蓝、翠绿、橙色、柠檬黄等。色相是色彩的首要特征，是区别各种不同色彩的最基本的标准。色相环是常用的色相表达方式，有12色相环、24色相环（图2-123）、36色相环等，能很直观地表现出不同色相之间的关系。

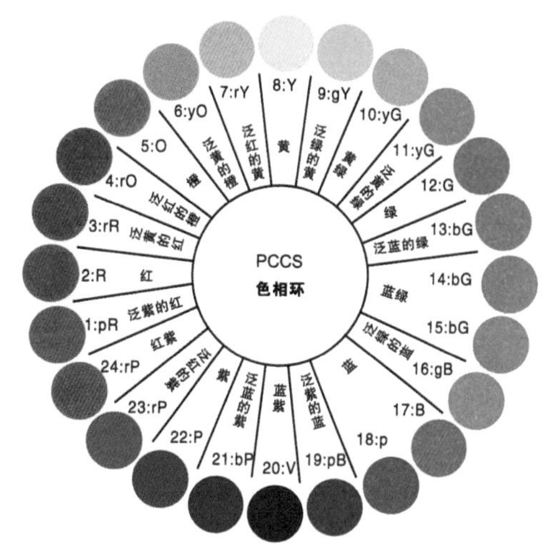

图 2-123　24 色相环

（2）纯度（ 饱和度）

从字面理解，是指颜色的饱和程度，有时我们也把纯度叫作饱和度或者彩度，一个色相的饱和度变化，可以直观地用纯度阶（图2-124）表达出来。色彩三要素中，这个维度实际用于描述色彩的鲜艳程度，比如人们常说的艳红、蓝灰就是纯度与色相的综合。人类的视觉觉得舒适的颜色，绝大部分是非高饱和度的色。也就是说，含灰的颜色，人类视觉接受度较高。反过来，含灰的颜色也会不够夺人眼球，视觉刺激性较弱。同一个色相，只要纯度发生细微的变化，就会带来色彩性格的变化。

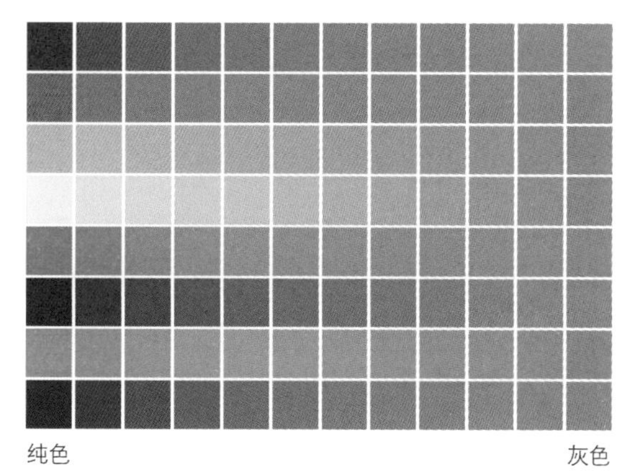

图 2-124　不同色相的纯度阶

（3）明度

明度在色彩三要素中具较强的独立性，它可以不带任何色相的特征而通过黑白灰的关系单独呈现出来，表现为无彩色明度阶（图2-125）。色相与纯度则必须依赖一定的明度才能显现，连纯色之间也存在明度差别，比如黄色明度最高，红蓝则明度接近。色彩和明暗关系是伴生出现的，可以直观地用有彩色明度阶（图2-126）来表达。需要说明的是，纯色一旦产生了明度变化，纯度就同时降低了。我们在对颜色进行描述时，口语化所说的深红色、浅绿色、亮蓝色、暗紫色等颜色名称，实际是基于明度与色相两个维度的综合描述。

图 2-125　无彩色明度阶

（4）无彩色

无彩色（achromatic color）是一个色相概念，指除了有彩色以外的其他颜色，常见的有黑、白、灰。明度从0变化到100，理想状态下彩度为0。无彩色只有明度区分，明度最高的色为白色，明度最低的色为黑色，中间存在一个从白到黑的灰色系列。

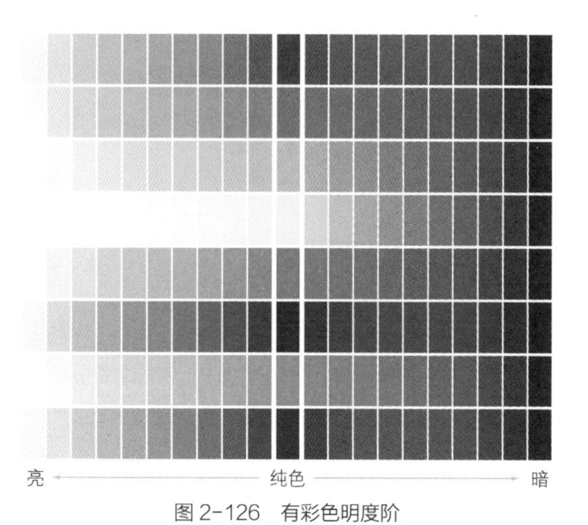

图 2-126　有彩色明度阶

（5）饱和彩色的明度特征

在色相环所有饱和彩色中，任何一种饱和彩色都有着自己的明度特征。例如，黄色为所有饱和彩色中明度最高的颜色，处于光谱的中心位置，紫色是所有饱和色中明度最低的色，处于光谱的边缘。

这是基于同一纯度不同色相的明度差别，是自然存在无法更改的，与我们前面讲到的同一色相不同明度有所区分。要很清楚地区分同纯度不同色相之间的明度差别，最简单的方式是全部转化成灰度，在灰度条件下去比较。

2. 色彩模式

色彩模式是数字世界中表示颜色的一种算法。我们肉眼所见的色彩，包括自然界的色彩、人工造出来的各种色彩，其形成方式各不相同，这导致了描述或者复制、再现时会存在各种不确定因素。因此，为了在数字世界中统一颜色算法，使色彩具备标准性，科学家们开发出了多种色彩模式供不同设备、场合、功能使用。HSB、RGB、CMYK是设计师最常接触到的三种色彩模式，其他还有Lab模式、位图（Bitmap）模式、灰度（Grayscale）模式、双色调（Duotone）模式、索引颜色（Indexed Color）模式、多通道（Multichannel）模式等。

（1）HSB模式：从人类视觉角度定义颜色的模式

H、S、B分别表示了色彩的色相H（Hue）、饱和度S（saturation）、亮度B（brightness）。因为这三个维度都是我们眼睛能够直观看到的，所以有时候也称为“眼球色彩模式”（图2-127）。三个维度数值均是从0～100%来表示和度量（图2-128）。

色相是一个0°～360°的标准色轮，描述时按位置度量的。在通常的使用中，色相是由颜色名称标识的，比如红、橙、黄、绿、青、蓝、紫。

孟塞尔色立体就是典型的HSB色彩模式。我们一般在绘画时，都使用这种色彩模式。

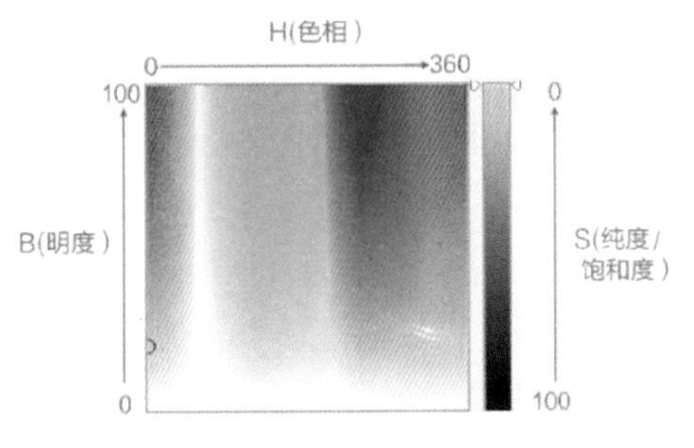

图 2-127　HSB 色彩模式

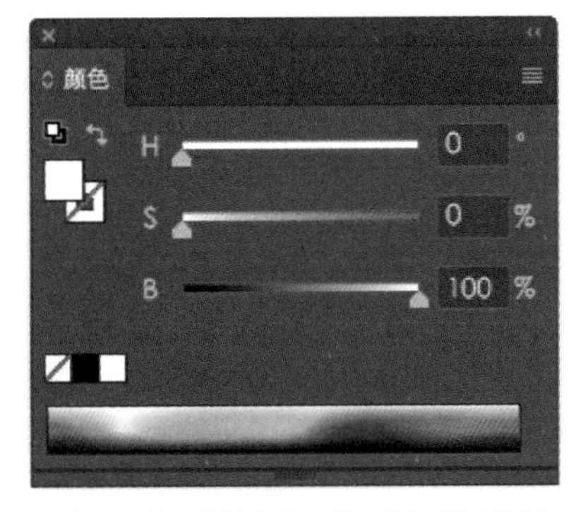

图 2-128　设计软件中的 HSB 模式色板

（2）RGB模式：发光媒介的色彩模式（加法混合）

RGB色彩模式是基于数码产品这类发光的媒介而产生的一种色彩模式，我们的生活中，发现手机、电脑、相机、智能手表、摄影机等的屏幕成像，都是基于这种颜色标准。RGB模式是基于光而形成的视觉体系，三原光是红（Red），绿（Green），蓝（Blue），所以取其首字母，于是就被称为RGB模式（图2-129）。

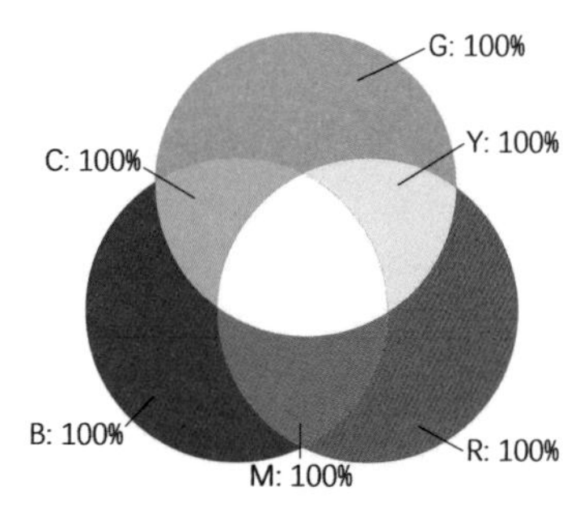

图 2-129　RGB 模式

它的颜色混合方式就好比红、绿、蓝三盏彩色灯，当它们发出的光相互叠合的时候，色彩相混，亮度等于混合的灯光亮度之总和。三盏灯的亮越混合亮度越高，最终混合形成最亮的光，即白光。这种模式按颜色阶调来定义颜色数值，范围是0~255，每色256种阶调（图2-130）。

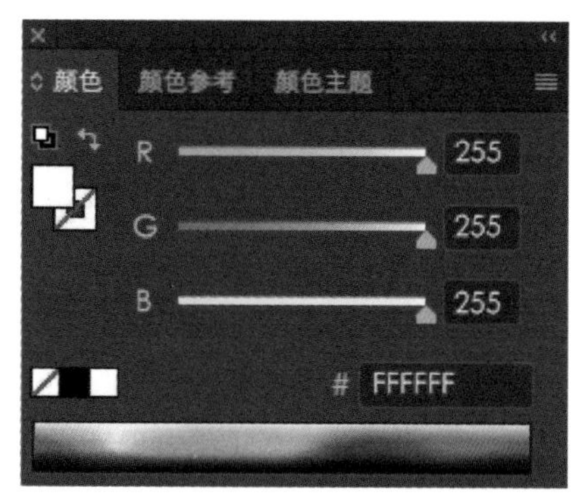

图 2-130　设计软件中的 RGB 模式色板

我们的设计如果要呈现在发光显色媒介上，就要采用这种色彩模式。比如各种基于电视端、网络端、移动端的作品。

（3）CMYK模式：依靠反光显色的色彩模式（减法混合）

CMYK模式是以对光线的反射原理来设定的，由于印刷业使用得最普遍，因此又叫“印刷色彩模式”（图2-131）。CMYK是4种印刷原色油墨的简称：C青色（Cyan），M品红（Magenta），Y黄色（Yellow），K黑色（Black）。按颜色百分比来定义颜色数值，范围是0~100%（图2-132）。

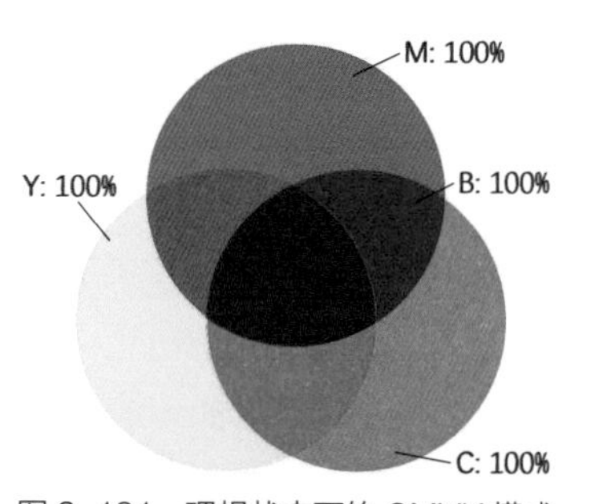

图 2-131　理想状态下的 CMYK 模式

它的混合方式是色彩相互叠合的时候，色彩相混，而亮度却会减低。我们可以理解为多片重叠的有色玻璃，光线多穿过一层，亮度就降低一些，而颜色也会相互混合一次。有色玻璃叠加层数越多，最终光线完全不能穿透，变成黑色。

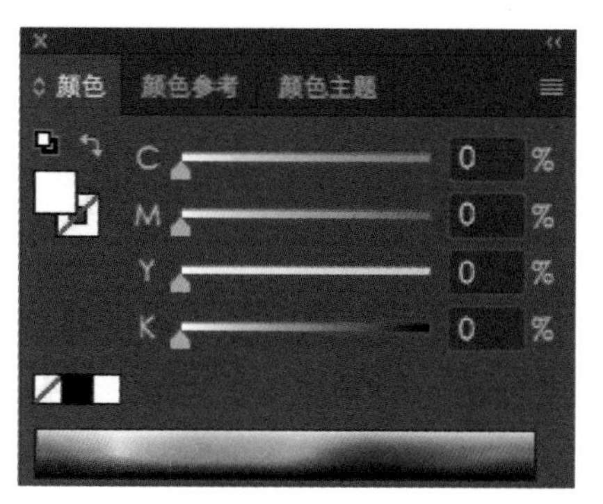

图 2-132　设计软件中的 CMYK 模式色板

黑色（K）实际是无彩色，为何CMYK模式中除了三原色之外还要加入一个无彩色？这是由于，理想状态下，减法混合的三原色（CMY）各自按100%的纯度叠加，最终就应该得到黑色，然而实际状况是，世界上任何一种色料生产出来都达不到100%的纯度，这样导致三原色最终混合出来的颜色并不是纯黑色。因此，只能直接加上一款K，成了CMYK四色模式。

我们在设计要呈现在反光显色媒介上的设计作品时，都采用这种色彩模式。比如各类印刷品。

（4）Lab模式：色彩管理模式

Lab模式是CIE（Commission Internationale de l'Eclairage）国际照明协会制定的测量颜色的国际标准，由Lab三个通道组成，L是明度（Luminosity）；a和b都是色彩通道，a通道表示从洋红色至绿色的变化范围；b通道表示从黄色至蓝色的变化范围，a、b两个通道中都包含了50%的中性灰色（图2-133）。任意一种颜色都可在其模型上找到一个相对应的位置。

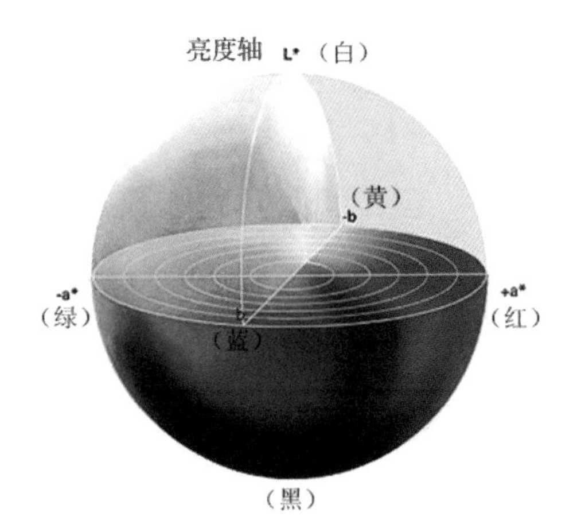

图2-133 Lab模式

（5）色彩模式与色域

色域指的是色彩模式所能表现出的色彩范围大小。色域范围大，包含的颜色丰富；色域范围小，包含的颜色丰富程度就低。Lab模式是以数字方式来描述人眼对色彩的视觉感应，与设备无关，对色彩表现力强大；而RGB和CMYK模式都必须依赖于设备，导致色彩特性表达不能很充分。所以，我们常用的色彩模式中，Lab模式色域最宽广，不仅包含了RGB、CMYK的所有色域，还能表现出它们色域之外的色彩（图2-134）。在设计中，我们常常利用Lab模式色域宽广的特点，用作RGB和CMYK两种色彩模式相互转换时的过渡模式，以减少两者直接转换时的色彩丢失。

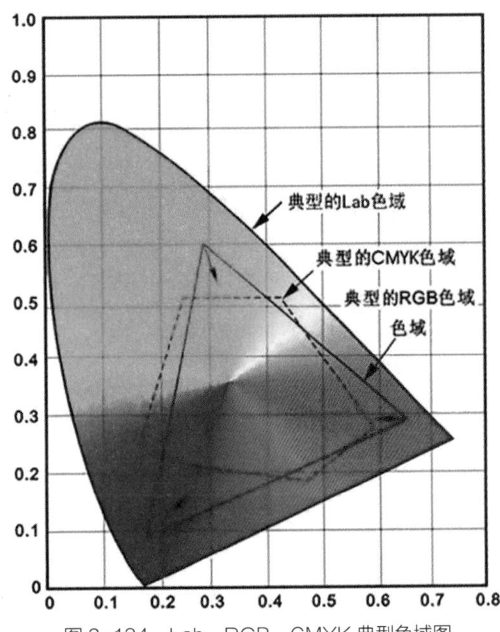

图2-134 Lab、RGB、CMYK典型色域图

在进行色彩模式转换时，由于RGB、CMYK两个色彩模式的色域有未交叉部分，如果直接互转，最终获得的颜色只能是交叉部分，未交叉部分的颜色将会丢失。Lab色域包含了这两个模式的色域，因此，RGB先转为Lab，再由Lab转到CMYK，则未交叉部分的颜色也可以很好保留

二、色彩的联想

世界上任何物体的形象和色彩都会影响我们的情绪，某一种色彩或色调，很容易引发人们对生活的联想，产生情感上的共鸣。这就是色彩投射在人类视觉上之后、通过脑部形象思维而产生的心理作用。人类对色彩的感知与感受是审美中最具共性的大众心理。人类感知客观事物离不开印象和经验，当人们看到某种色彩时，常常会联想到与此色彩相关联的其他事物。色彩的联想与人们对版面信息接收与理解程度息息相关。

1. 色彩的冷暖

色彩的冷暖感觉（图2-135），并非来自物理上的真实温度，而是与我们的视觉与心理联想有关。冷色与暖色除去给我们温度上的不同感觉以外，还会带来其他的一些感受（图2-136）。例如：

重量感：暖色偏重——冷色偏轻；

透明感：暖色弱——冷色强；

密度：暖色密度大——冷色稀薄；

湿度：暖色干燥——冷色湿润；

远近：暖色近——冷色远。

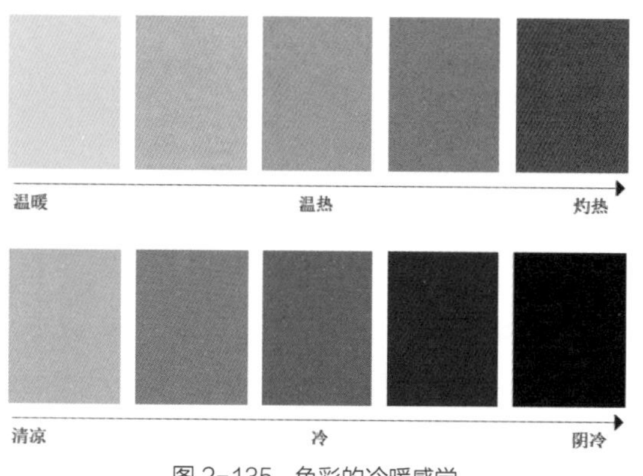

图 2-135　色彩的冷暖感觉

图 2-136　色彩冷暖感受效果对比

快餐食物的颜色一般会采用暖色调，以引起食欲。如麦当劳／肯德基等

2. 色彩的象征性

色彩具有象征性和情感特征，是表现各类整体形象中最鲜明、最敏感的视觉要素（表2-1）。版面中出现的色彩，在使用时一定要仔细考量色彩的象征性含义，要符合版面内容特性，并能对内容的传播起到推动提升作用。

表 2-1　常见色彩的象征性和情感联想

颜色	象征性含义	颜色	象征性含义
红色	正面联想：生命、爱情、喜庆、兴奋、热烈冲动、革命、青春等 负面联想：血腥、觉醒、危险、愤怒等	橙色	正面联想：快活、积极、跃动、旺盛、温暖、喜悦、希望、热情等 负面联想：任性、骄狂、发烧等
黄色	正面联想：光荣、高昂、光明、希望、高贵、愉快、活泼鲜明、发展、胜利等 负面联想：轻薄、狂妄、不安等	紫色	正面联想：王威、优雅、崇高、神秘、高贵、温厚等 负面联想：任性、悲哀、古怪、诡秘、孤独古板等
黑色	正面联想：优雅、无限、力量、深远、严肃等 负面联想：悲哀、阴郁、死亡、污点、诡秘、恐惧、绝望、不正等	白色	正面联想：干净、明快、神圣、寂静、朴素、高雅、无限、高尚等 负面联想：死亡、刺眼、脆弱、恐怖等
绿色	正面联想：和平、清爽、生命、春天、健康、洁净、新鲜、安静、纯情等 负面联想：稚气、生疏、铜锈、发霉等	蓝色	正面联想：永恒、希望、深远、广大、理性、沉着、冷静、透彻、纯洁、冥想等 负面联想：冷清、静寂、沉默、忧郁、孤独冰凉等

（1）行业属性色彩

各行各业在使用色彩时要把握好各行业的用色规律（图2-137）。行业色彩一般来自于大众对这个行业的普遍印象，并不绝对，比如高科技蓝色，传媒业红色等。颜色的正确选取以及搭配，能影响常人对企业业务及领域识别性的判断。

运用食物本身的色彩会让人产生准确的联想

纯度较高的色彩适合运动产品

冷色调会给人清凉的感觉

温和的色调会给人安抚的感觉

棕色调会让人联想到中草药

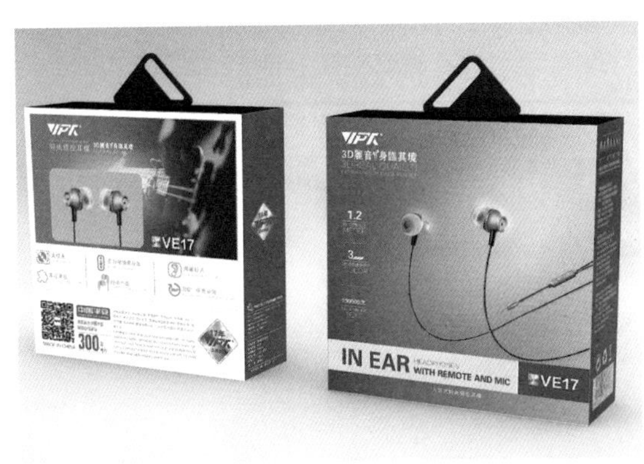

冷色调会给人冷静、专业、安全的感觉

图 2-137　行业色彩属性

（2）品牌形象色彩

每个品牌都有属于自己的标准色（图2-138），可口可乐红，百事可乐蓝，色彩成为品牌推广的非常重要的视觉途径。

图 2-138　品牌标准色

（3）国家象征色彩

不同国家都有属于自己的标准色（图2-139），如中国红、阿根廷蓝，色彩成为国家形象的代表。

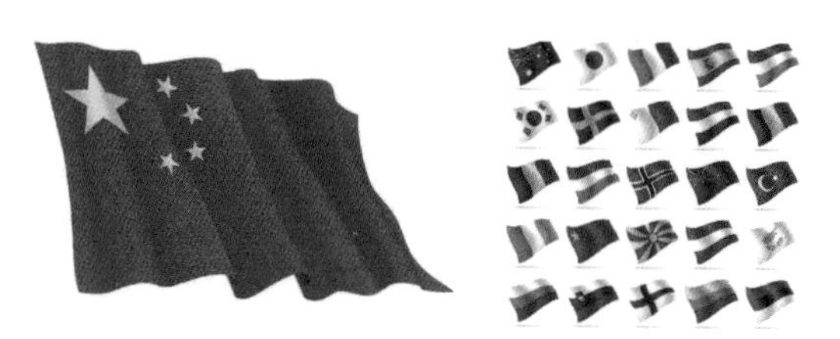

图 2-139　国家代表色

三、色彩的应用

1．协调的配色

指色彩在某种程度达到调和的状态。具有视觉上的舒适、安全、自然之感。一般来说，在孟塞尔色立体上，任一维度上位置距离越近的色块协调感越强。以色相环为例，圆心60°夹角以内的所有颜色都是从色相上达到调和的。

最简单的办法就是选择色彩三要素中的任一要素达到一致（图2-140），即可形成协调色彩。

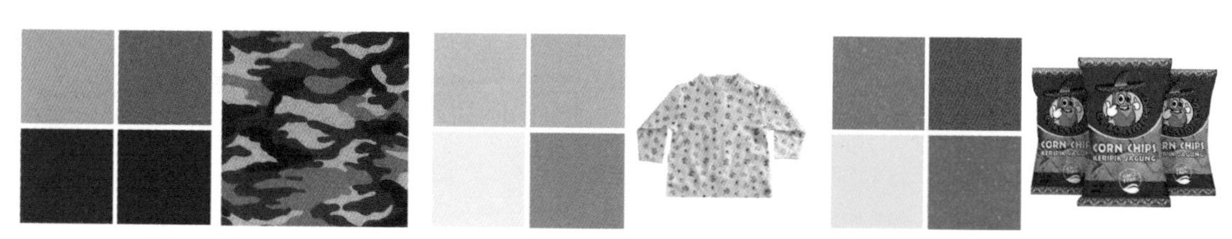

图 2-140　色彩三要素协调配色

2. 对比的配色

指色彩之间整体对比较强，视觉上给人醒目、跳跃、刺激、冲突的感觉。

最简单的办法就是选择色彩三要素中的任一要素进行对比色配置，即可达到色彩对比效果（图2-141）。一般来说，在孟塞尔色立体上，任一维度上位置相差越远的色块对比越强。以色相环为例，直径两端的两块颜色是对比最强的，我们称为互补色，最为著名的有黄紫互补、红绿互补、蓝橙互补这三对互补色。

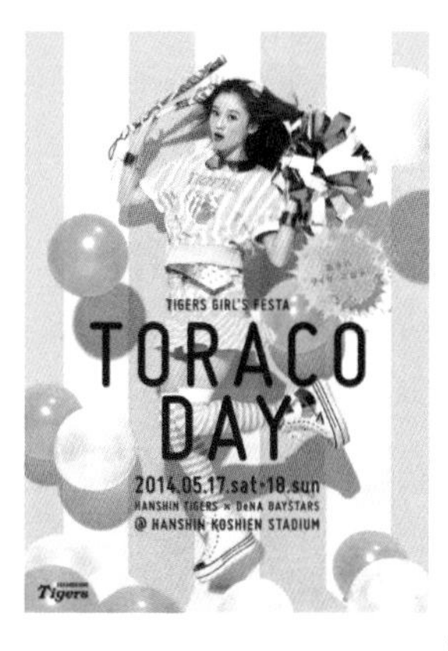

图 2-141　明度、色相对比的配色

3. 配色方案获取

（1）从环境中提取配色

自然的美景和我们身边的许多环境都可以给我们提供配色灵感，可以根据摄影图片，利用软件分析并从图片中提取配色（图2-142）。

图 2-142　源自环境的配色

（2）从设计作品中提取配色

有些设计作品精美的配色，也可以为我们提供配色灵感。同样是利用作品图片提取色彩（图2-143）。

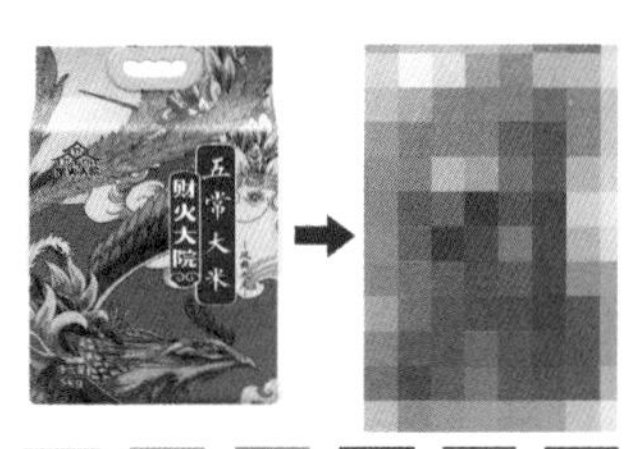

图 2-143　源自设计作品的配色

（3）从设计素材中提取配色

在设计工作当中，项目方一般会提供一些需要放到版面中的专属设计素材。比如品牌标志、主推商品、公司环境等的照片，在这些素材中提取配色进行设计，能与版面内容更加贴切，整体氛围更鲜明。

比如在项目方已提供的产品图片中寻找色彩，形成文字与产品主色明度对比，底色与产品色相协调的页面（图2-144）。

如果设计素材中有精美的照片，可以直接从照片中获取色块作为配色方案。同时，版面主色调尽量从照片获得的色块里选取，保持色彩整体感（图2-145）。并且主色调方案不止一种，从理论上来讲，只要是从图片中提取的颜色，都能跟整个版面保持较为和谐的关系（图2-146）。

图 2-144　从产品图片中寻找色彩

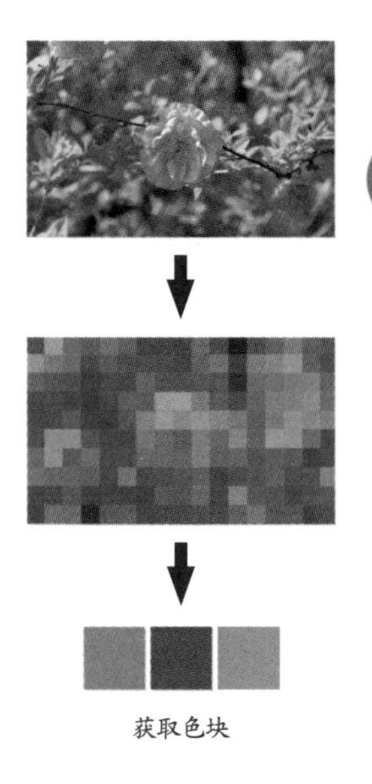

获取色块

版面主色选用从照片中获得的色块，整体版面色彩和谐

版面主色使用照片中没有的色彩，整体版面色彩不和谐

图 2-145　从素材图片中寻找色彩

图 2-146　来源于素材图片的色彩都能与图片和谐搭配

版面根据提取的色块可以有三种配色效果。最终方案需要根据版面功能确定

4. 版面配色应用步骤

第 1 步：选择图片

首先，确定主形象图片（图2-147），图片的选择应该尽量选择色调有变化且明暗对比也较为明显的，因为单色低对比度的色调只会让最终的色彩方案看起来灰暗不够鲜明。

第 2 步：确定主色调

主色调一般选择图像当中分布最广的一种颜色，在图2-147中，我们可以看出主要是红蓝两色，其中面积最大的是红色，但是考虑到客户是盐田国际集装箱码头有限公司，业务跟海洋密切相关，蓝色其实更符合客户的行业属性，因此决定用蓝色作为主色调。但这些蓝色呈现明暗层次深浅的不同，需要在设计软件里用吸色器吸取蓝色中的重点色彩。重点色彩并不是任意吸取的，应该根据整个图片相关色彩的分布进行分析，在不确定的时候可以采取将图片马赛克化的方法找出符合要求的色块。因此，最终在渐变的蓝中选择了过渡最为均衡的一种深色蓝。这个颜色也就是色彩方案中的第一个色彩：主色调（图2-148）。

图 2-147　主形象图片

图 2-148　主色调

第 3 步：选择辅助色

辅助色通常是一个能烘托、能与之产生呼应的颜色，如果主色调是一个冷色调，那么辅助色就偏向为一个暖色调。因为任何版面都需要有冷暖色的互相衬托与点缀。根据图2-147这张主图，辅助色（图2-149）选择了红色的火车色彩，和蓝色的冷感进行均衡，同时能呼应主要图片。

第 4 步：确定整体色彩方案

出于阅读时人类视觉对版面颜色协调感的需求，整体色彩方案最好主要颜色数不超过3种：主色、辅助色、补充色。由于主色调是深蓝色，补充色要既有区别又不会破坏蓝色基调，因此选择了明度与主色调接近的无彩色深灰（图2-150）。

第 5 步：色彩方案的使用

确定的色彩方案实际使用时，不可避免会需要与不在整体色彩方案中的一些颜色共同出现，比如照片中人物的服饰、专属的标识等，这都需要运用相应的设计手段使得这些颜色不会干扰整体画面配色的和谐感（图2-151）。

图 2-149　辅助色

图 2-150　三种主要颜色

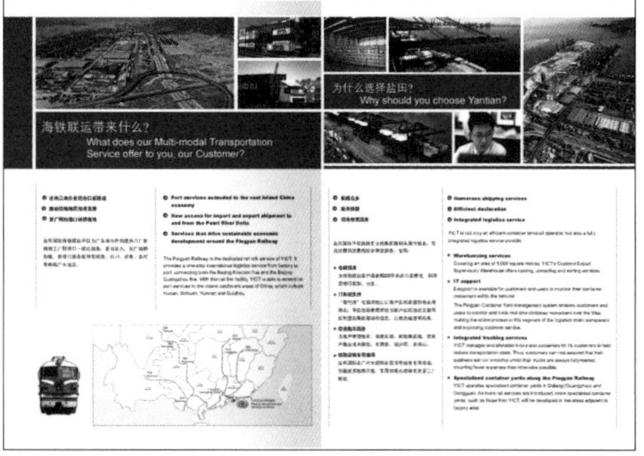

图 2-151　最终作品

深圳盐田国际有限公司折页设计
客户：盐田国际集装箱码头有限公司
设计：宋海燕

第三章

版面设计的方法

第一节　感性版面设计

一、感性设计基础

二、形式美法则

三、视觉流程

第二节　网格版面设计

一、网格设计基础

二、认识网格

三、设计网格

四、用网格设计

第一节 感性版面设计

一、感性设计基础

每个人都天生具有对美的感知与感受能力，婴儿自然而然会对美的事物表现出亲近，自然界的各种美景也昭示着一些美的规律与范式。利用人类对美的认知天赋、从生活中汲取能使各种事物变得更美丽的手段，就是感性设计的基础（图3-1）。

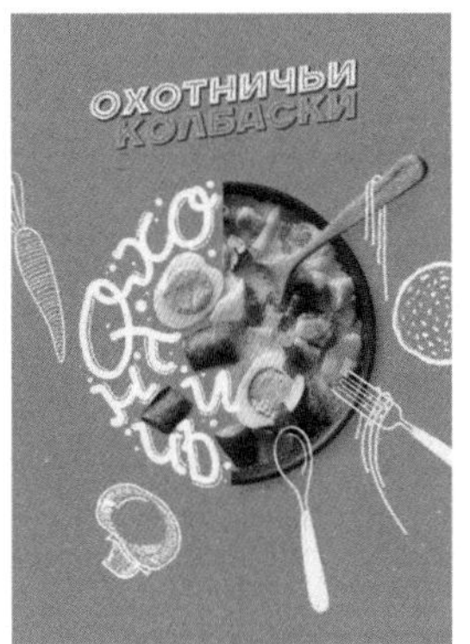

图 3-1　充满感性气息的版面

久而久之，人们发现了一些能够产生美的规律，比如对称美、简洁美、秩序美、反差美、协调美、力量美等。通过对能构成美的形式规律的总结，人们总结出了“形式美法则”。这个法则是人类在发现和创造美的各种形式形态过程中，根据经验，运用归纳、演绎等手段，概括总结出的一些能较快速较有条理地表现美的方法。

我们在进行版面设计时，合理运用形式美法则，综合设计者人文素养、技术技能、美学感知、传播学规律进行创意设计工作，就属于运用了以感性为主的版面设计方法。

二、形式美法则

形式美法则是从感性思维中提炼出来的创造美的基础原理。常见形式美的法则主要包括：简洁与秩序、规律与均衡、重复与特异、虚实与留白、对比与调和等。熟悉并熟练运用形式美的法则，我们在通过感性表达美的过程中就可以拥有很多可操作的手段和技巧，进而在设计中自然而然呈现出美的版面。

1. 简洁与秩序

经过专门设计的版面，易读性和有序感会大大提升。版面的所有视觉元素，通过整理与设计，使所有内容呈现出视觉流畅、条理清晰的观感，自然会形成简洁而秩序感强的设计作品（图3-2）。

在版面中强化简洁感，可以提高版面易读性，受众能短时间内不受干扰，迅速接收重点信息；在版面中调整好各类信息秩序，有效信息即使再多也不会显得混乱。让受众保持自然流畅的阅读而不走神、视觉轻松，这就是简洁与秩序的魅力。

版面要做到简洁和秩序感，需要对信息进行筛选和梳理：在信息传达完整前提下针对文字与图片的取舍、划分层级；对图片部分做出去背退底、裁剪多余部分、统一图片形式等简化处理。目的都是让最终版面的信息简洁。要显得条理清晰，最简单的办法就是运用贴近与远离原则，把各种元素进行同类贴近放置、异类远离安排（图3-3）。注意这个背景图使用了半退底形式，画面简洁又交代了环境。

图 3-2　简洁而秩序感强的作品

文字与人物头部属于异类元素，贴得过近，画面压抑

部分文字压在草地上，形成没有含义的异类元素交集，影响文字阅读

文字与图片距离合适，位置处于人物视线方向，内容表达清晰完整

图 3-3　版面元素的贴近与远离

2. 规律与均衡

规律指多种视觉元素内在结构清晰、图片和文本逻辑性强而使图文显得形式感强。常见的如水平、垂直、倾斜（图3-4）等规律性可以使版面达到单纯、整洁、协调、重点突出等美的视觉效果。

排列与对齐是最常见的版面规律形式。人类的眼睛喜欢看整齐有序的事物，视觉心理学发现，人眼会通过一条“无形的线”将分散的元素连接到一起，这种元素“连线”习惯令视觉有边界可依托，给人安定感，还能起到引导和暗示隐含关联性的作用（图3-5），有助于快速接受各类信息。

除了常规的元素（字体、图片等）需要对齐外，版面的整体布局和局部群组之间、多个局部群组之间，也需要考虑对齐关系（图3-6）。不同的元素因为存在一定的关联性而组成一个群组，多个群组组合成整体布局，这种并列、主次、嵌套关系需要用对齐来进行整理以保持条理性。

对齐规律性要使用恰当，过度则显得死板。版面中不能只使用同一种对齐形式。版面中的每个元素均有主次之分，主要或者重要的部分可以打破版面对齐规律。例如在同一文章中（图3-7），大段文本左右对齐，就不强求标题文字也左右对齐；大段文本行距统一，那么文本中标题和图片与文本的距离（红、蓝色圆点位置）可以大于文本行距；从整体布局来说，文章中同类标题与文本的行距、同类图片与文本的行距都要按各自的规范统一。注意，打破常规的元素尽量控制在2个以内，否则不仅原本的对齐规律会被破坏，看上去还会像是一次设计失误。

图 3-4 使用倾斜规律

图 3-5 元素间无形的连线边界

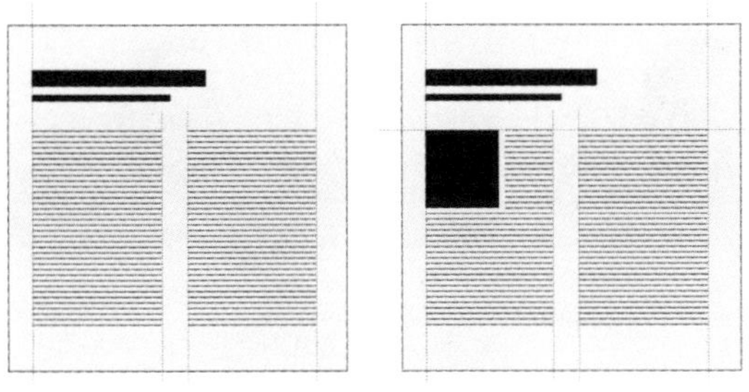
图 3-6 多重对齐关系

标题、图片都与文章左对齐；标题与图片之间也是左对齐；大标题与副标题之间也是左对齐。整体与局部都遵循了对齐规律

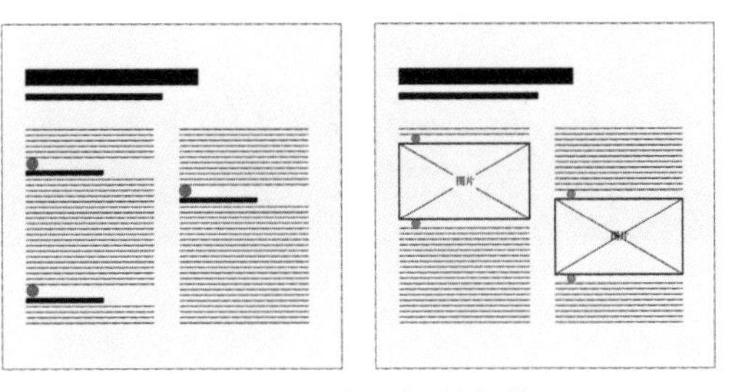
图 3-7 不止一种对齐规律

对称我们可以理解为一种机械的、绝对的平衡，均衡则灵活许多，指在假定的中轴线或中心点的侧边或周围，各类元素从心理上给人感觉是平衡的即可。价值观念、心理联想、生活经验等构建了人们对均衡感微妙的判断尺度。左右均衡（图3-8）和上下均衡（图3-9）是最基本的均衡形式。

重心与平衡在进行任何设计时都需要重点考虑。构成版面的要素都有视觉上的“重量”感，一般来说，面积大、颜色暗都会给人感觉“重”。面积大小好衡量，颜色明暗则可以将要素调成灰度再来衡量。在设计时，根据每个要素的“重量感”进行均衡布局，可以解决版面的重心和平衡问题。一般来说，整个版面中灰度相近的情况是平衡状态。

文字的字号大，折合的灰度深，反之则浅（图3-10）；笔画粗，折合的灰度深，反之则浅（图3-11）；字距行距小，折合的灰度深，反之则浅（图3-12）。因此文字的平衡需要综合考虑页面中文字的表现形式，并借助均衡的原理，达到视觉上的平衡（图3-13）。

图3-8　版面左右均衡

人们的右手普遍比左手更有力，可以提更重的物品，这种心理暗示导致版面略重的内容一般置于右侧，符合视觉心理平衡

图3-9　版面上下均衡

人类视线向下时眼睛更轻松，下部自然成为视觉中心，所以一般下半部分安排略重，恰好形成视觉平衡

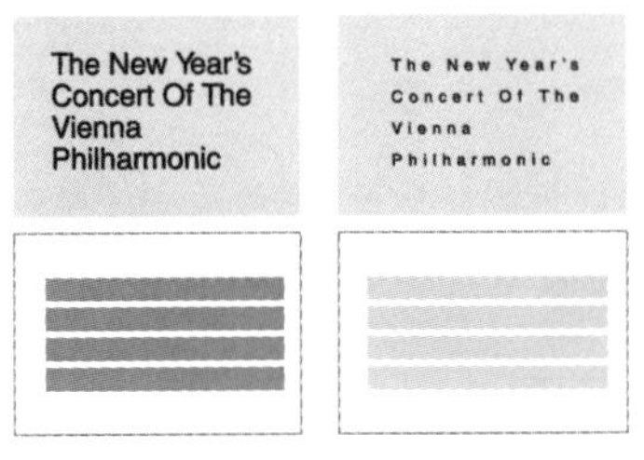

图3-10　字号大小灰度变化

图3-11　笔画粗细灰度变化

图3-12　字距行距灰度变化

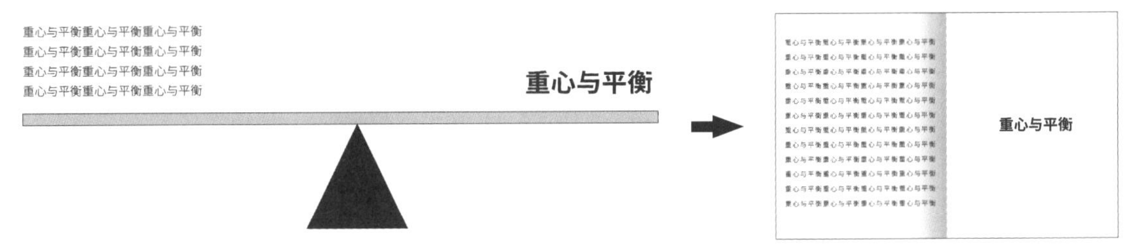

图3-13　文字的视觉平衡

图片的重量感主要表现为面积大小及画面整体折合形成的灰度深浅。面积一样的情况下，色调浓重的图像整体灰度深，会显得重，色彩清淡图像整体灰度浅，感觉比较轻。设计前，可以在脑中将设计元素进行灰度深浅的模拟思考（图3-14）。实际设计中会遇到很多大小不同的图片，设计师可以借助均衡原理安排图片，使版面达到视觉平衡（图3-15）。

图 3-14　色调与灰度的关系

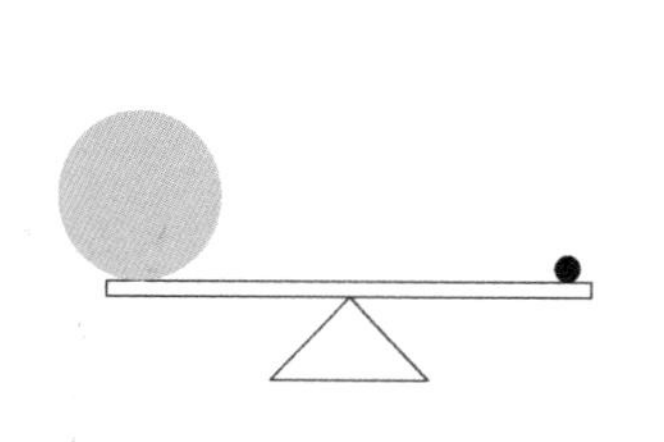

图 3-15　图片的视觉平衡

3. 重复与特异

（1）重复构成

重复是常见的一种构成手法，其实也属于规律的一种。一般是由两个以上的元素构成的，单个样式、图案、元素反复出现，能把视觉形象秩序化、整齐化，加强作品视觉吸引力（图3-16）。如果按稍复杂一点的规律重复排列，还会给人井然有序、和谐统一、节奏感强的视觉感受。

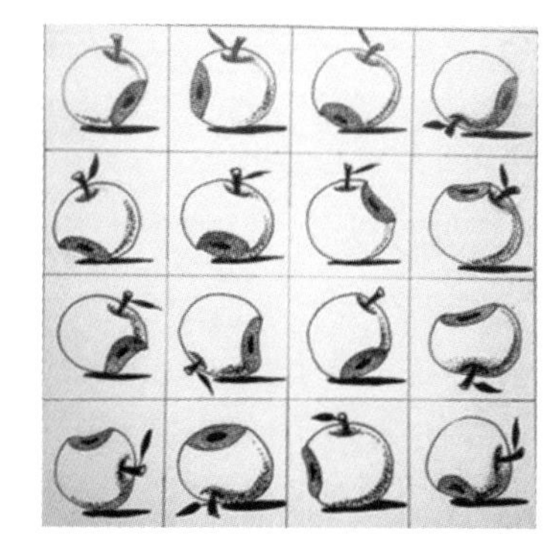

图 3-16　典型的重复构成

重复在版面设计中使用范围极广，作用也非常强大。字体、颜色、形状、线条、大小和图片等元素都可以重复。构成时可以按大小重复、位置重复、方向重复、色彩重复等规律进行。合理运用重复构成，可以增加版面条理性和统一性。

如版面的要素以退底照片为主，不规则的图片边界容易造成繁多杂乱的感觉，在设计时采用统一的图片边框形式及文字大小（图3-17）。用重复的手法将所有要素进行统一，视觉舒适而不杂乱。

图 3-17　边框与文字形式重复

诺佳家具有限公司产品画册设计
设计：宋海燕

图形没有规律的放置会造成视线的混乱，读者的注意力被分散。将所有元素放入面积颜色一致的色块，以等距进行排版（图3-18）。可以使版面显得整齐，也方便读者进行阅读。

文字排版时，同一版面采用不同的对齐方式会分散读者注意力，造成阅读不便。重复采用相同的行首对齐方式使版面条理清晰（图3-19），方便阅读。

图 3-18　底色重复构成统一版面

图 3-19　文本重复使用行首对齐

（2）特异构成

在重复构成的基础上，出现少量小面积不遵循重复规律的元素，该元素会与大量的规律元素形成醒目的对比效果（图3-20），在设计中可以用这种手段强调重点内容。

图 3-20　形状与色彩突变吸引视线

（3）节奏韵律

节奏是建立在重复基础之上，它不是简单的重复，而是由一个个小重复组合形成的大重复。这种有规律的重复，视觉上会呈现出大小、疏密、浓淡、轻重等有节奏的变化感。韵律则是从节奏中升华而来的，比单纯的节奏更为复杂。

设计时将版面中的视觉元素按一定的规律进行重复的摆放，通过对版面中的图形、文字等视觉元素在大小、位置、色彩等方面的变化，能带给观者视觉上与心理上较为明确的节奏感（图3-21）。

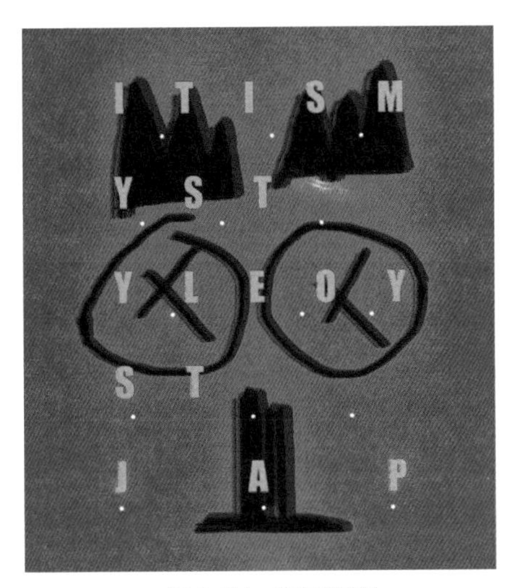

图 3-21　节奏感设计

绿色的文字仔细看，包含了三种重复规律。这三种重复又从属于全局统一的重复规律。文字排列形成了一种有节奏、不单调的美感

（4）渐变构成

渐变是指以类似的基本形或骨骼为元素，渐次地、循序渐进地逐步变化，呈现一种有阶段性的、调和的秩序感（图3-22）。这种构成形式，在日常生活中十分常见，具有很强的节奏感和韵律美。

渐变形式多种多样，大小、间隔、方向、位置和形态均可以有逐渐的变化。这些渐变与重复相结合，又可以形成各种规律和节奏，还有韵律感。

①大小渐变：依据近大远小的透视原理，将基本形做出大小序列的变化，给人以空间感和运动感。

②间隔渐变：按一定间隔比例逐步变化，产生不同的疏密关系，使画面呈现出空间感甚至明暗调子。

③方向渐变：将基本形做方向、角度的序列变化，使画面产生远近与起伏变化，增强了画面的立体感和空间感。

④位置渐变：将部分基本形在画面中的位置做有序的变化，会增加画面中动的因素，使画面产生旋转、波动等特殊视觉效果。

⑤形态渐变：从一种形象逐渐过渡到另一种形象的手法，可以增强画面的视觉乐趣。

图3-22　渐变设计

（5）发射构成

发射是一种特殊的重复，是基本形或骨骼单位环绕一个或多个中心点向外扩散或向内集中。在生活中，我们会经常看到发射构成的事物，例如自然界盛开的花朵，绽放的烟花等。

视觉上，发射具有很强的聚焦点，这个焦点通常位于发射物的中央；同时发射还具有深邃的空间感，使所有的图形向中心集中或者由中心向四周扩散。

①离心发射（图3-23）：发射点在中央部位，视觉元素向外方向发射的一种构成形式。

②向心发射（图3-24）：发射点在外部，从周围向中心发射的构成形式，与离心式相反。

③同心发射（图3-25）：发射点从一点开始逐渐扩展，如同心圆渐变扩散所形成的重复形。

④多心发射（图3-26）：在一个画面中，以多个中心为发射点，一个版面有好几组发射构成。

图3-23　离心发射

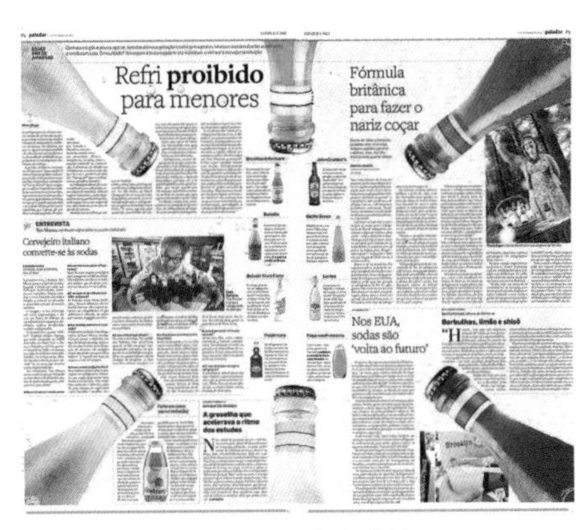

图 3-24　向心发射

图 3-25　同心发射

图 3-26　多心发射

4．虚实与留白

虚实关系借用自绘画，所谓虚，指画面中未著笔墨的部分，画面中涂抹了笔墨颜料的部分就是实，绘画的美，讲究虚实相生。同样，版面设计中对虚实关系的处理也很重要，要求虚实结合，虚实相生。

（1）版面结构的虚与实

在版面设计中，虚实可以理解为黑白灰关系。除去文字、图形这样的实质意义上的视觉元素，所剩余的空白称为“虚形”。有些浅淡的文字块，可以理解为“半虚”形态。这些虚形和文字图片等实形之间大小粗细的变化对比，就构成了版面视觉的虚实空间（图3-27）。

虚实构成对创造有吸引力的版面非常重要，虚实形态比例和大小、浓淡用来制造视觉黑白灰层次。淡化文本颜色可以使其存在变得不甚明显；加深元素的色块，或者将醒目的尺寸比例各异的元素并置在一起，可以强化虚实对比，视觉上更有跳跃感（图3-28）。

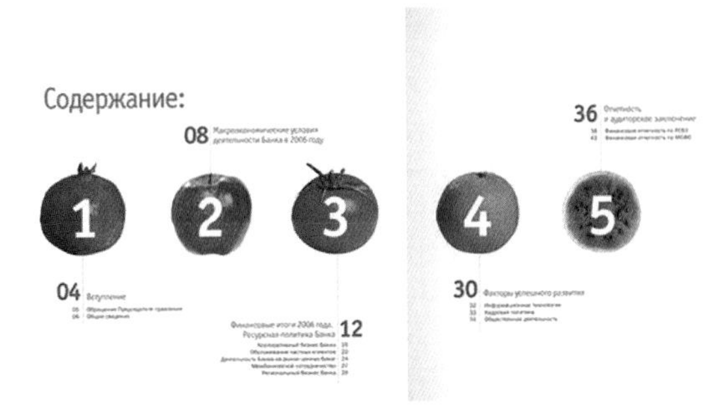

图 3-27　俄罗斯银行年报

图 3-28　《上海铁道》杂志内页

浅淡的文字和周围空间留白形成虚和半虚的部分，色块和图片颜色深，属于非常实的元素。通过面积变化、形状穿插实现版面的视觉跳跃

（2）版面的留白

在版面，留白则纯粹指没有任何内容的部分。包括文字的间距和行距，以及周边空出来的版面，我们称为页边距、页眉、页脚之类的地方，都是留白。版面设计的根本目的是通过条理清晰的版面来传达信息，留白可以有效地衬托和传达主体内容，留给受众更多想象空间。也有助于内容条理梳理，使受众轻松阅读。

调整版面中留白区域与实形区域的比例、形状关系，可以创造出轻松、舒展、透气等等心理美感。留白的大小或位置可以向受众传达出不同的意象，通过巧妙构思的“留白意象”充分结合作品内容，含蓄的意象代替传统直白的表达方式，更容易吸引受众的注意力，加强版面内容的传达效果。有时候，留白部分甚至可以作为具象形态存在（图3-29）。

版面文字信息太多，如那些篇幅较长、内容较严肃的作品，由于内容本身缺少趣味性，阅读容易令人反感。增加留白，并适度调节元素之间的间距和空白，能够有效缓解观者的视觉疲劳（图3-30）。

在许多领域非常流行的简约风格设计，就追求一种“简单中见丰富，纯粹中见典雅”的视觉风格（图3-31）。这种设计理念十分强调“留白”的运用。

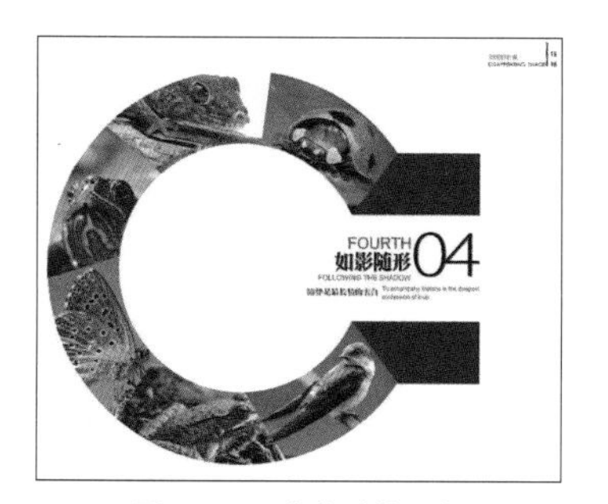

图 3-29　有意味的留白

图 3-30　利用留白调节视觉疲劳

图 3-31　简约风格版面

5. 对比与调和

对比与调和是形式美法则中最基本的法则，这两者在任何设计中都是共生的，也可以称之为形式美的总法则。在版面设计中，一般会采用整体对比局部调和，或者整体调和局部对比的设计手法。

对比是强调相同或相异的视觉元素之间强烈的冲突感，调和则是运用设计手段，将所有对比的元素统一到一个整体中，这两者的结合使用是艺术设计最基本的手段之一。版面中往往表现为各种元素之间、主体与背景之间均存在大与小、主与次、疏与密、动与静、虚与实等对比因素之间的冲突与协调。版面中的对比设计是为了吸引受众的视线，引起受众的注意；调和则是为了形成视觉上的整体感。

（1）大小

大小对比与调和是版面设计的基础。大中小字号的相互配合，可以使整个画面产生生动活泼的对比关系，还能产生进深和空间感（图3-32）。版面中其他元素按照大、中、小的比例关系加以组合，大的元素给人张力感，类似画面中的近景，是占主导地位的版面主体，需要精细设计。“中”是介于“大”和“小”之间的元素，起着调和作用，没有它，“大”与“小”就会过于突兀。“小”相对于“大”而存在，可以起到一种辅助或者补充作用，在关键时候还可以画龙点睛。

（2）主次

每个设计都需要突出主体，明确了版面主次关系，主题便会清晰明了（图3-33）。在版面中，一般主题形象或标题文字放大，次要形象缩小，以增强版面的节奏和明快感。若主次关系模糊不清，就会使画面失去层次感，平淡无奇，单调乏味。

（3）动静

平面中具有扩散感或流动感的形状以及散点的图形或文字，因为具有不稳定特性，我们认为是具有“动”感的；水平或垂直性强的、具有稳定为轮廓形的图片或文字我们认为是“静”态的。版面设计中运用“动”、“静”结合，可以使整个版面在稳定的空间中充满活力，容易获得受众更高的注目度（图3-34）。

（4）疏密

疏密表现为版面中图形、标题、正文等各种视觉元素的分布方式，图形可以在某个位置密布，也可少量的散点安排（图3-35）。疏密对比同时就产生大小形态的对比、明暗对比的视觉效果。

图 3-32　新一代设计展海报

图 3-33　抖音电音节广告

图 3-34　奇瑞汽车系列促销活动淘宝移动端长图广告（局部）

图 3-35　论坛主题活动海报

三、视觉流程

视觉流程设计就是要控制视线在版面空间中移动的轨迹，进而合理地引导受众视线。版面中我们一般会运用阅读逻辑和视觉心理两套设计规则作为版面布局的参考（图3-36）。这两套规则的视线移动轨迹并不一致，关注的重点也有所不同。阅读逻辑主要关注视觉元素的顺序和位置，视觉心理关注视觉信息引起的心理反应。

在阅读以文字为主的页面时，阅读的逻辑性会占据主导地位（图3-37）。而在观看海报、画册等以视觉图片为主的页面时，视觉心理的作用会成为观赏或者阅读的主导（图3-38）。

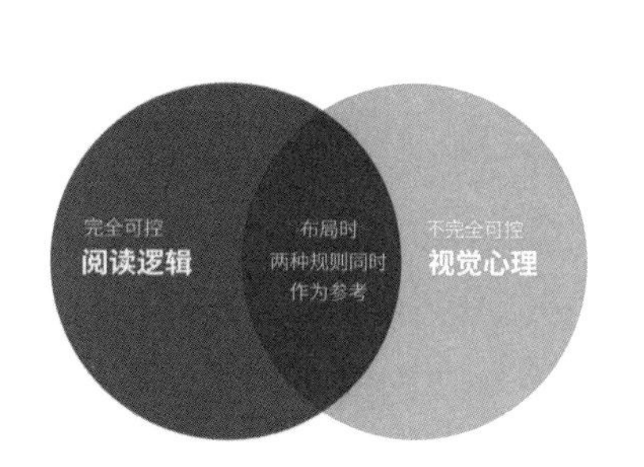

图 3-36　版面设计要同时关注到两类视觉流程

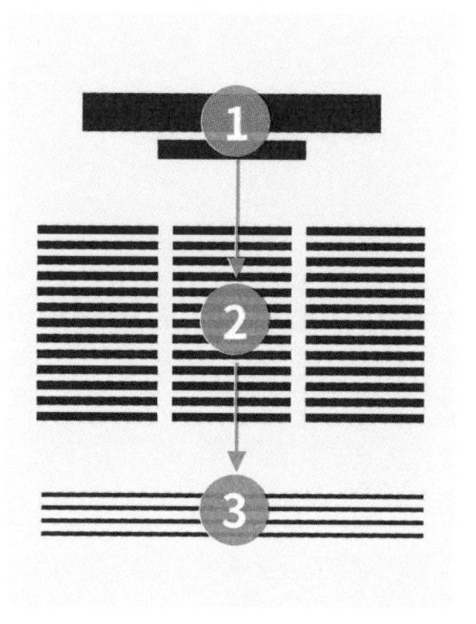

图 3-37　阅读逻辑引导的视线移动轨迹

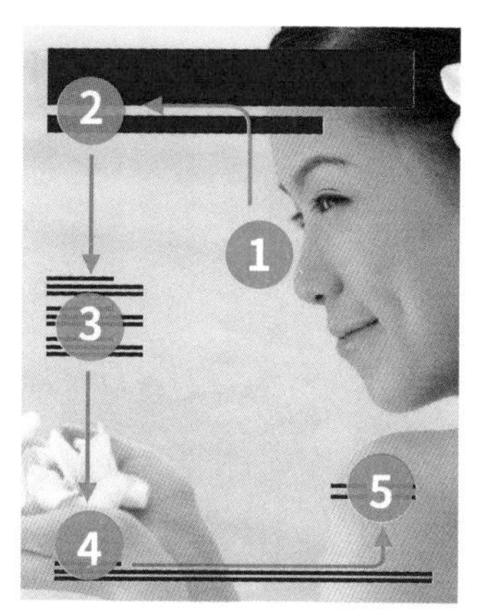

图 3-38　视觉心理引导的视线移动轨迹

1. 页面视线移动

版面内容通过精心设计，将信息有效组织，按一定顺序进行编排，并在页面中加入能够顺畅地引导受众视线的元素，引导受众目光移动的方向，是一种十分有效的让版面形成秩序的设计手段。

以杂志书刊等为代表的多页印刷品页面为例，页面中视线流动方向基本包括两个类别：向左翻开的书刊，视线则多是从左上方到右下方移动（图3-39）。向右翻开的书刊，视线一般自然地是从对页的右上方向左方移动（图3-40）。在进行这类常见版面的设计时，常常是以“Z”和“N”字形进行视线移动设计，如果不遵循人类视线的基本移动习惯，就会让受众面对阅读页面变得很困难，甚至无法阅读。

文本横排时常见视觉“S”动线　文本竖排时常见视觉“N”动线

图 3-39　向左翻开的页面常规视觉动线

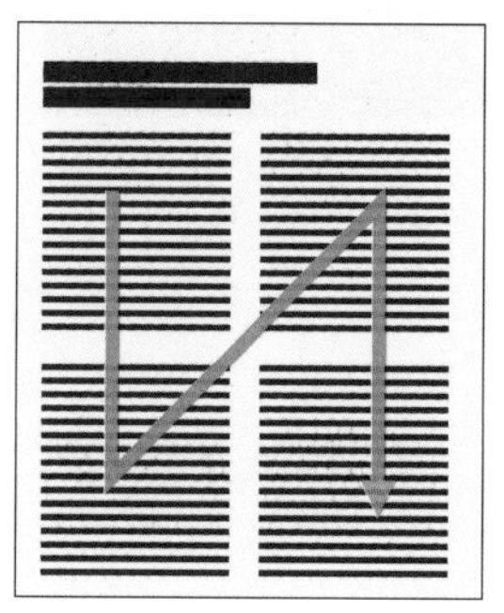

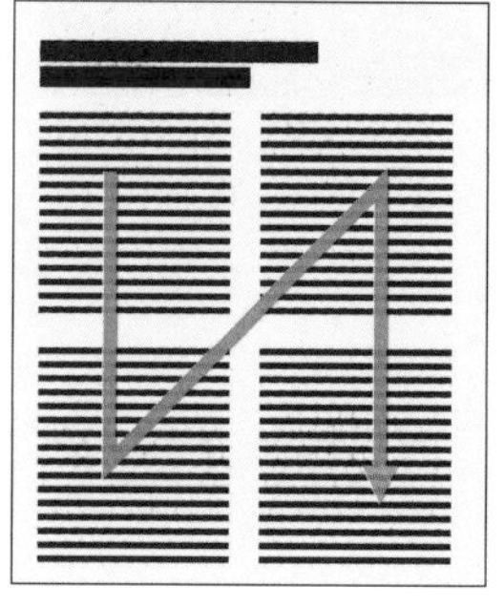

文本横排时常见视觉“N”动线　文本竖排时常见视觉“S”动线

图 3-40　向右翻开的页面常规视觉动线

2. 文字阅读顺序

在观看横向编排（图3-41）的文字时，遵循文字从左往右、文本行从上往下的顺序阅读；观看竖向文字（图3-42）时则遵循文字从上往下、文本行从右往左的顺序。这种约定俗成的文本编排顺序是人类千百年来养成的阅读习惯，同时也具有人类视觉生理上的科学性。

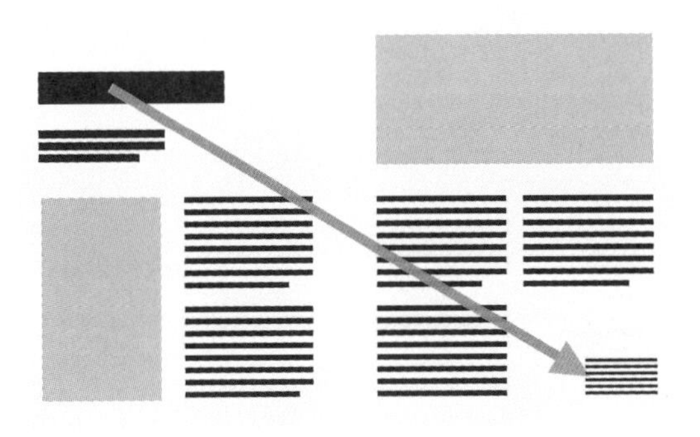

图 3-41　横排版面文字阅读顺序

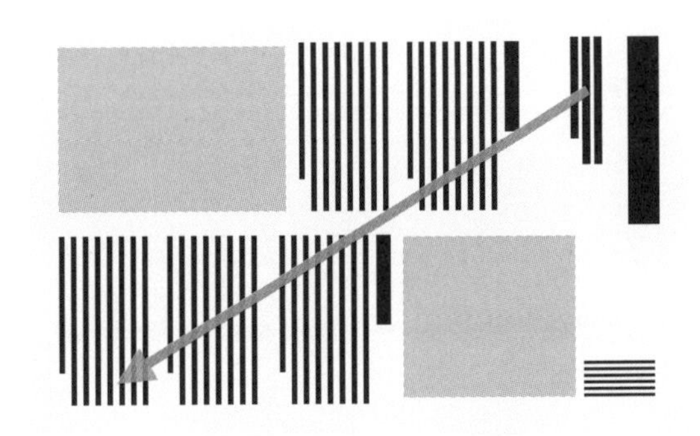

图 3-42　竖排版面文字阅读顺序

3. 图文混排要点

向文本中添加图片时要注意视觉的流畅性，图片不可以随意切断视线的流动轨迹（图3-43），否则会出现不知道下一段文字在哪里的情况。在设计文字为主的版面时需要格外注意。

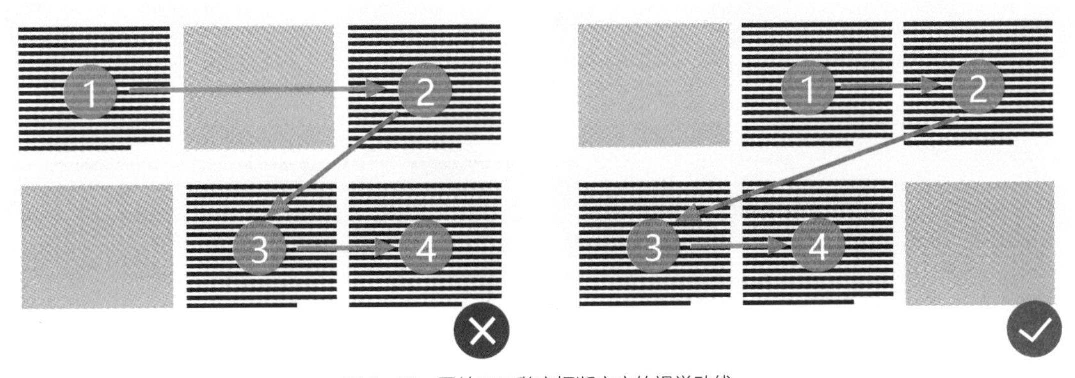

图 3-43　图片不可随意切断文字的视觉动线

4. 划分信息主次

信息必须重点突出。设计时要按照主次区别呈现。在常见的文本为主的版面上，主流做法是采用倒三角模式安排信息，最主的信息在最上面，往下信息的重要程度性依次递减（图3-44）。很多专业的排版软件会自动设定好这种层级模板。

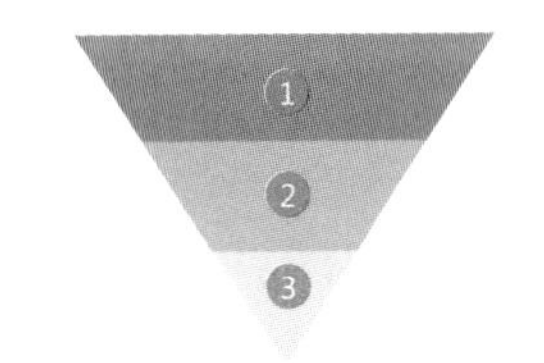

图 3-44　常见信息主次关系

5. 虚拟边框——版心

版心指版面中规定可以放置内容的区域，一般在印刷作品中会界定为印版或印刷成品幅面中规定的印刷区域（不含出血图像、书眉和页码）一般印刷品边缘应当预留 5 ~ 10mm。数字版面没有这么严格，但为了视觉舒适，所有页面均需留有无任何内容的边框，边框以内即版心。版心面积占整个版面的比例叫版面率，版心范围越大，版面率就越高。一般文字多的版面，容易产生阅读疲劳，版心要小，版面率要低（图3-45）。图片为主的时尚杂志、画册等可以用大版心内高版面率（图3-46）。多页的连续版面必须有统一的版心，有时为了制造视觉跳跃，可采取左右两页不同版心的设置（图3-47）。

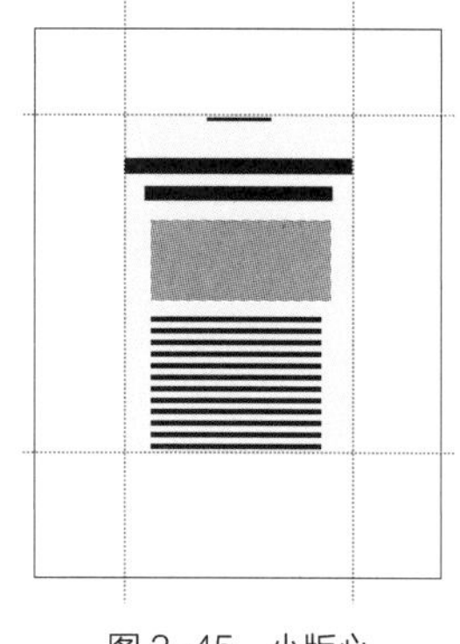

图 3-45　小版心

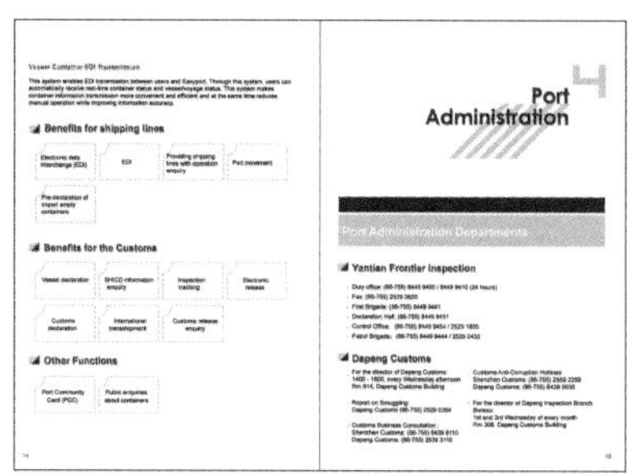

封面，蓝色虚线内区域为版心面积，标志、文字及图片都在版心区域内

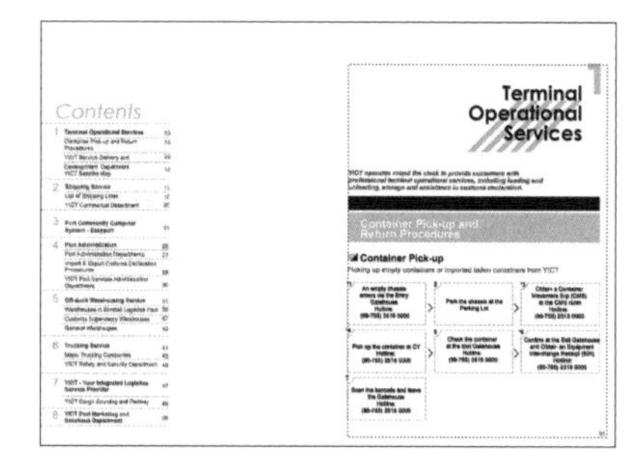

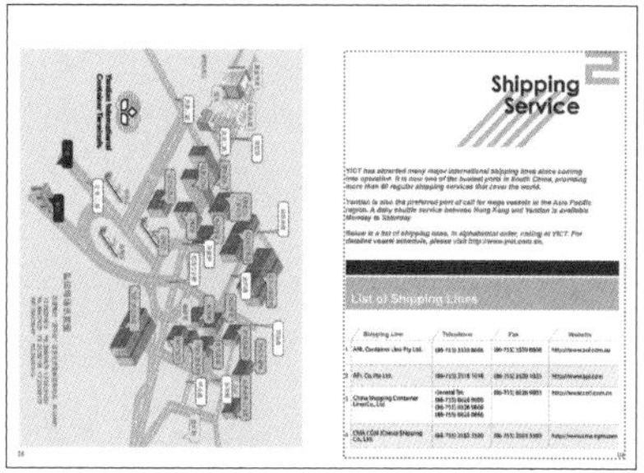

图 3-46　大版心

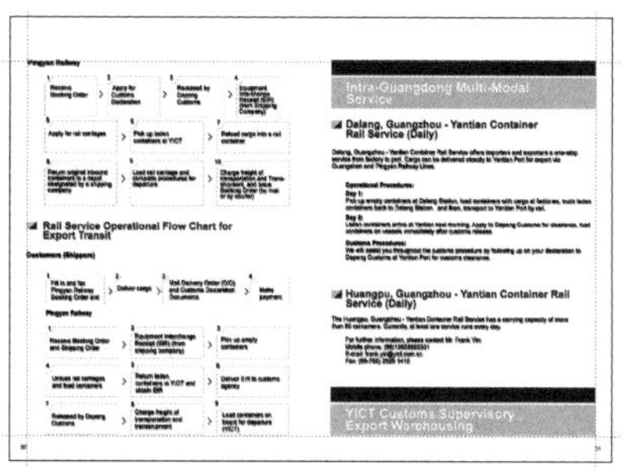

内页排版，左右两边页面版心一致，同一层级关系的章节排版版心一致。图片与文字的放置构成虚拟边界

图 3-47　连续页面的统一版心

第二节
网格版面设计

一、网格设计基础

1. 网格设计概念

网格设计20世纪20年代产生于欧洲，完善于50年代的瑞士，也称作理性设计法、骨骼设计法、程序版面设计、比例版面设计、瑞士版面设计或者欧洲版面设计。与之相对的是古典式版面（图3-48）设计和自由版面（图3-49）设计。

图3-48　古典式版面

比较典雅和精致，一般以订口为中心，版面左右对称，文字和图片全部嵌入版心，留白形成类似画框的效果。远看每两个对页都好似一幅装裱好的画。某些时候会略显呆板

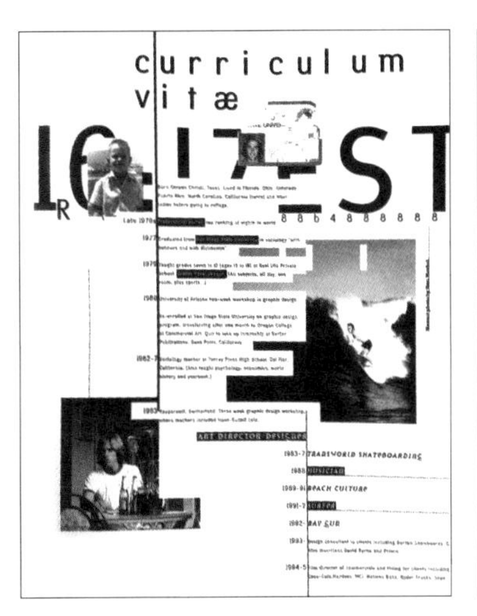

图3-49　戴维·卡森设计的杂志版面

完全自由的设计方式，毫不顾忌阅读习惯与视觉模式，极力追求视觉上的冲击，是一种先锋性概念性的设计手法。在这种设计理念下，可以出现许多反视觉习惯的设计：字距、行距没有或者过大；字体过多；无边空；文字堆叠；文图堆叠等，版面功能性被弱化，充满激情、对比、解构和动感，强调的是设计的打破常规

网格设计则不依赖于感觉，而是通过理性分析，将版面划分成若干网格，利用格子之间的相互组合关系，形成各种板块，再将文字、图形、色彩等版面视觉元素按一定规律填入板块，形成完整版面的设计方法。在一些出版物设计时，版面内容甚至需要根据网格大小进行删减或增加，以内容来适合网格，比如报纸（图3-50）。

拉登毙命
22年圣战 40分钟毙命
踢一脚好球 爱看西方电影
生而富二代 年少痛失父爱
慑王室懦弱 揭开反美大幕
手腕更毒辣 美国本土施袭

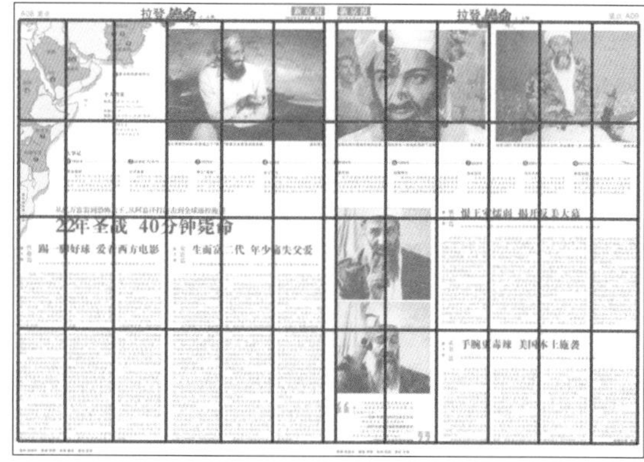

图 3-50 使用网格设计的报纸版面

报纸是网格版面的典型代表。巨大的版面，不用网格式设计，信息内容多而杂，简直没法阅读。加上日报出刊周期非常短，使用网格是最保险和快捷的设计方式，也便于使报纸呈现出统一的版面风格

2. 网格的作用

（1）视觉效果统一

跟自由式相比，网格看似束缚了设计，却能有效保证版面的阅读功能。实际使用中，网格允许灵活变化，设计时可以根据版面信息的具体情况和设计需要达到的效果，主动地安排版面元素。网格最重要的作用就是约束版面规范，使版面具有秩序和整体感（图3-51）。只要不超出网格范围，无论怎样组织版面，都不会影响版面的整体性。反而会因为一些细微的调整而引起版面布局的改变，丰富设计效果，调节版面气氛。

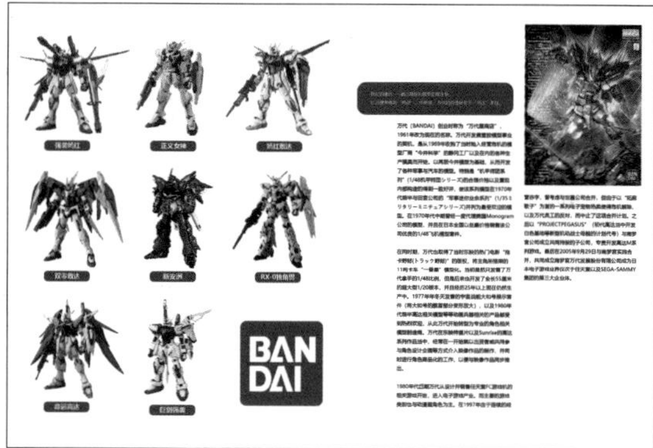

图 3-51 版面视觉元素自由编排和网格编排的差别

（2）阅读体验好

网格系统使版面呈现出一种秩序井然的视觉结构，条理清晰。设计师根据这种网格状的结构安排版面视觉中心，非常符合人类常规的视觉流程，大大提高了阅读便利性（图3-52）。能极大提升阅读的速度和理解力。

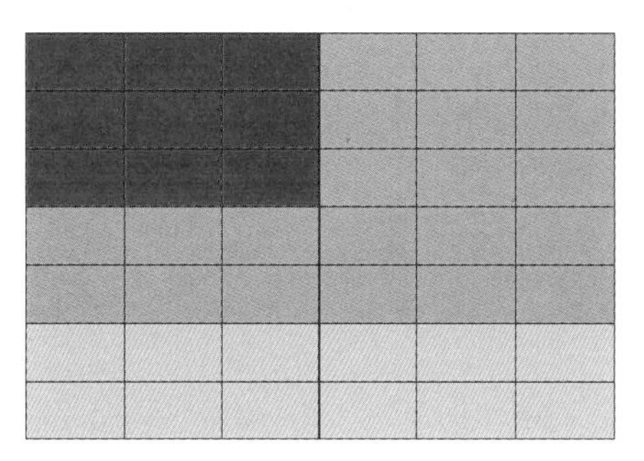

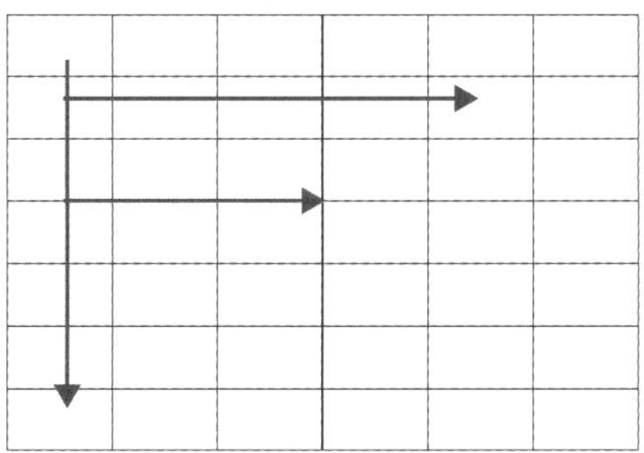

图 3-52　网格视觉结构

（3）设计速度快

网格就像表格，通过表格的归纳整理作用让版面各种信息的组织变得更加精确，为图文混排提供了一个快捷有效的方式。一套网格能设计出不同的版面效果（图3-53），网格能帮助设计者在设计时掌握明确的版面结构，做出更加理性和科学的决定，使设计意图的实现变得简单方便，让版面设计更快更有规律。

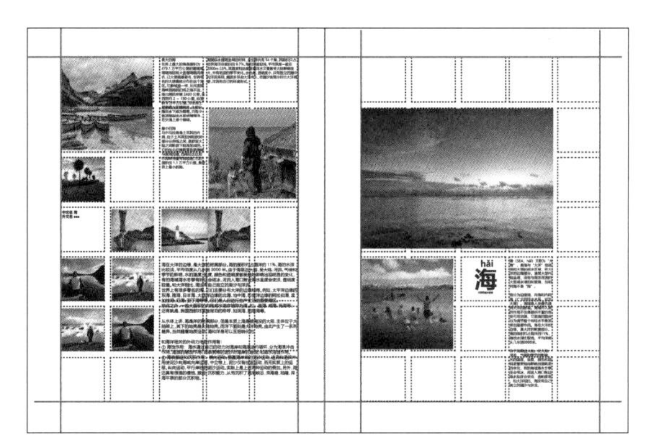

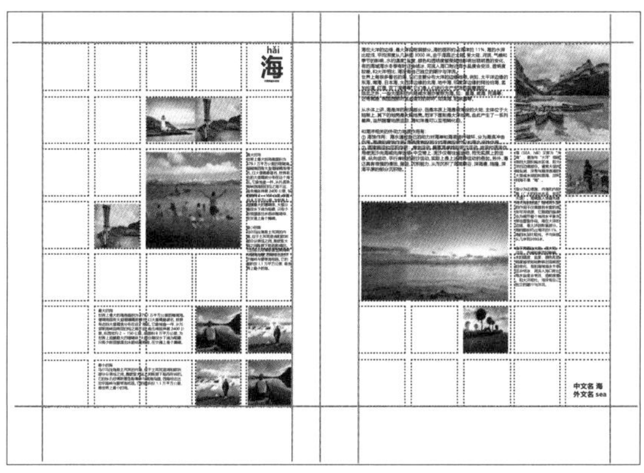

图 3-53　一套网格不同排版效果

相同的版面信息，相同的网格单元，按不同网格组合排版，会呈现出不同的视觉效果

条理清晰，整体感强，网格系统可反复使用，一套网格系统通过组合分割及局部突破，能呈现出不同的视觉效果。非常适合多页面版面设计（图3-54）。

帕克·德尔加多
用颜色描绘悲惨世界

探秘《黑镜》：
拉黑人文 放大科技

DIGITAL
iPhone的电影完全指南
之后期软件篇

图 3-54 《上海铁道》杂志内页

使用网格设计的杂志，能在一套网格的约束下，通过灵活运用设计出不同页面。网格线是不可见的，但可以通过文字和图片的边缘体会到

3. 网格设计思路

（1）理性思考

重视比例感、秩序感、连续感、清晰感、时代感、准确性和严密性，以理性思维为基础，与以感性为基础的自由版面设计成为很好的对比。

（2）遵守标准

标准化的网格、标准化的图片规格、标准化的文本规格，所有版面要素都有统一的标准和规范。在标准的指导下按规范填空。

（3）灵活运用

在网格的组合分割时可以灵活布局，通过单元格之间的不同组合和规范的微调，结合自由式设计思路，可以使版面各个元素所占的面积、形状、疏密、色彩深浅各有不同，形成既整齐有序、又活泼跳跃的自由风格。

二、认识网格

1. 网格的构成

典型的页面网格，以书籍为例，包含版心、天头、地脚、订口、切口几大基本结构。其中版心部分又包含基础网格、由多个基础网格组合成的图文模块、多个图文模块组成的栏和间隔栏的栏间距（图3-55）。

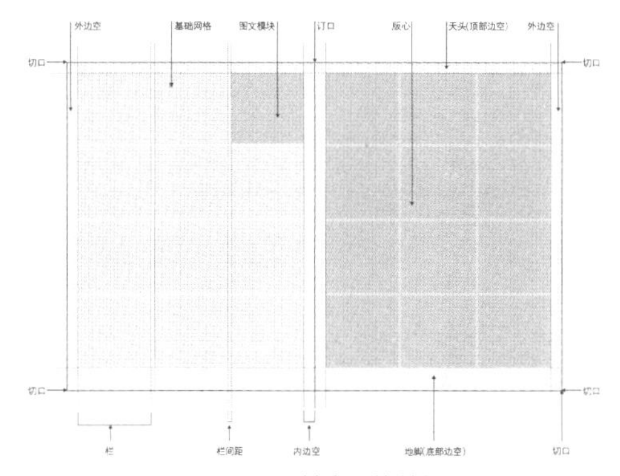

图 3-55　基本网格结构

这是一组典型的版面网格，蓝色部分是版心，除开天头地脚和内外边空，版心中间的细浅蓝线就是版面基础网格

（1）网格线

网格线实际是设计时的一组版面辅助线，主要有版心线和栏线、栏间距（图3-56）。版面设计完成之后，网格线一般不可见。但从版面上是可以体会到网格线存在的，这种隐含的网格会给人一种理性、秩序感。多页版面可以从重复的网格规律中体现出统一的版面风格。

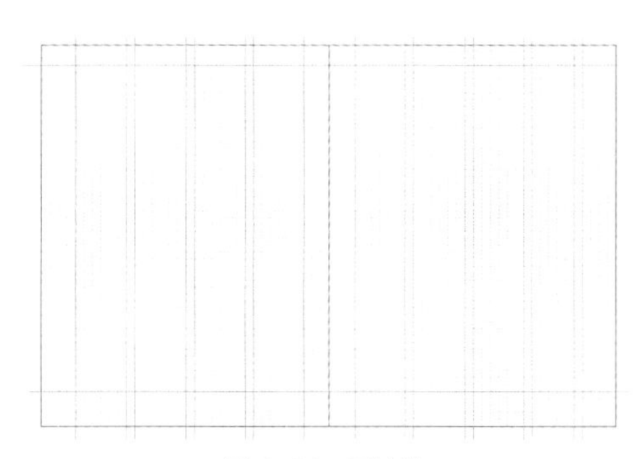
图 3-56　网格线

浅蓝色是基础网格线，红色是栏线。分栏一般以水平方向为主。栏的宽度决定了字行的长度，跟阅读时的视觉舒适度密切相关，功能性较强。纵向栏线在页面长度超过宽度较多的情况下才是必需的，主要是为了规范文字块纵向阅读的长度，使之不至于太长而引起阅读疲劳

（2）格子

版心线和栏线构成可以安排版面内容的格子（图3-57），也就是基本的图文模块。

图 3-57　格子

简单的 4×5 网格，格子可以互相组合

2. 网格度量方式

网格及文字均使用绝对度量单位，如字号的大小单位、版心与基础网格的尺寸、边空的尺寸等。图片色块等内容安排在网格中使用相对度量，比如占几格几栏，以表现各元素之间的比例关系。因此在描述网格时经常会用几乘几网格来描述（图3-58）。

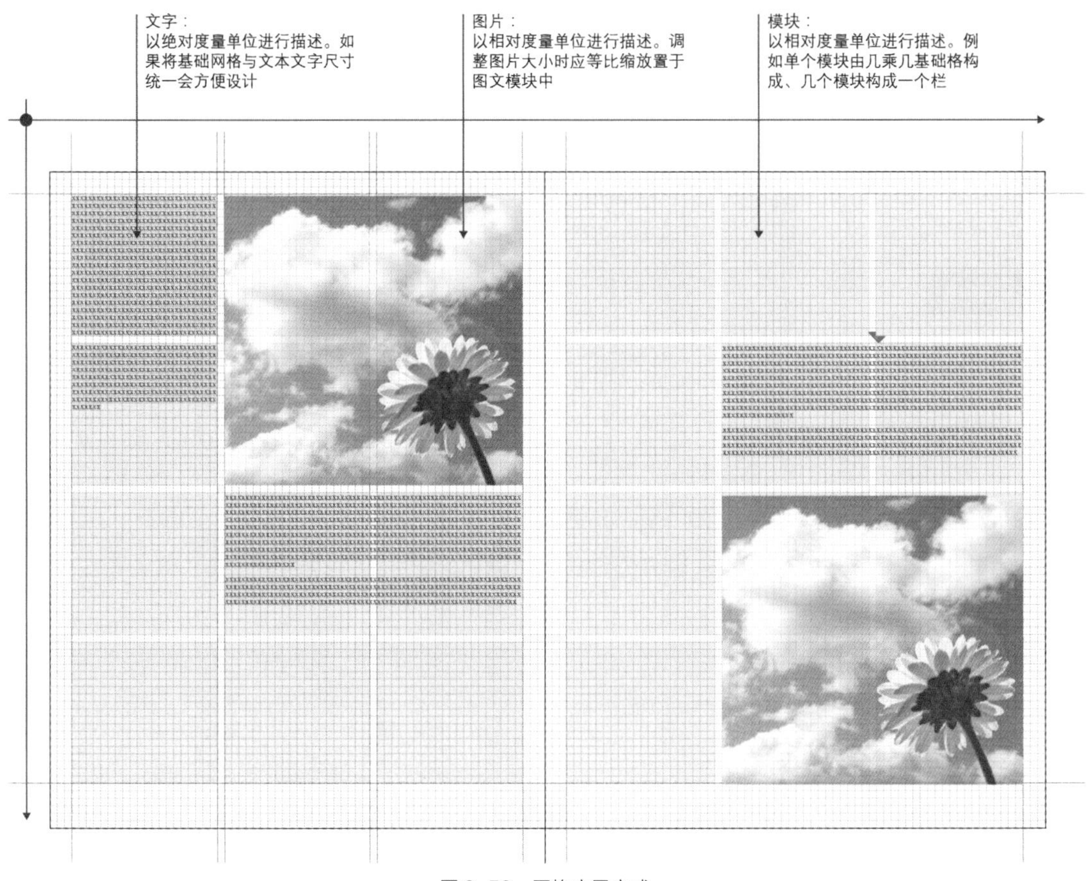

图 3-58　网格度量方式

3. 网格变化组合

网格我们可以把它看作一组模块化的构成单元，这些模块都是可以拆分或者组合的，这就构成了网格的变化。因此在设计时只需使用一套网格，配合对网格单元的排列组合拆分手段，加上页面尺寸、版心规格变化，就形成了网格系统，实际运用时可以设计出几乎无限多种版面效果。

网格单元数量越少，可供进行排列组合的基数小，相应的网格组合变化方案就少，用这类网格很容易制作出连贯性强的版面作品。网格单元数量越多，可供进行排列组合的基数越大，相应的网格组合变化方案就多，用这类网格很容易制作出跳跃性强的版面作品。要注意：变化越丰富，统一性就会越差；反之，统一性会强，但可能会单调。

我们以常见的58基础网格为例（图3-59），在版面中将横向与纵向都分割为58个小的单元。这些基础网格可以组合成不同大小的基本图文模块，由于基础网格尺寸一样，因此这些模块无论大小，它们之间都具有模数比例关系，既有变化，又统一（图3-60）。这些图文模块，可以多种方式组合成块，从而形成多样化的版面（图3-61）。

图 3-59　58 基础网格

图 3-60　不同大小的图文模块

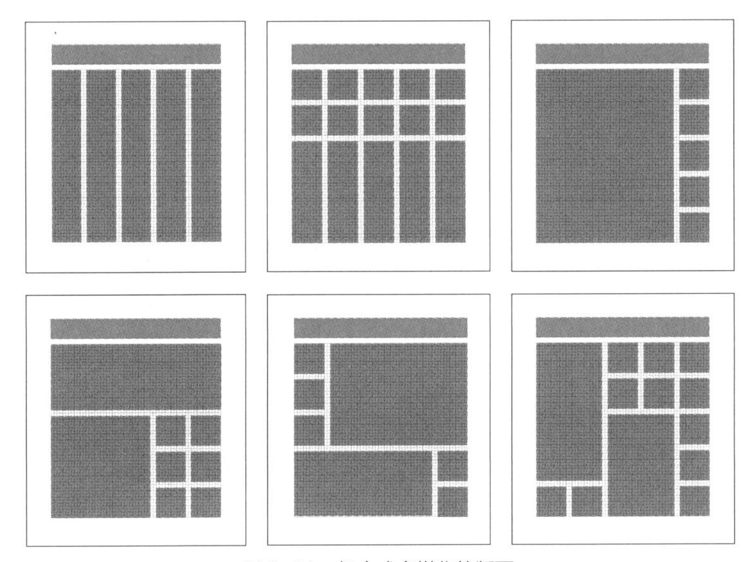

图 3-61　组合成多样化的版面

4. 常见网格类型

（1）对称网格

网格左右两个对页结构对称或者相同，页面中的网格可以进行合并和拆分。包含单栏对称、双栏对称（图3-62）、均衡对称、多栏对称。

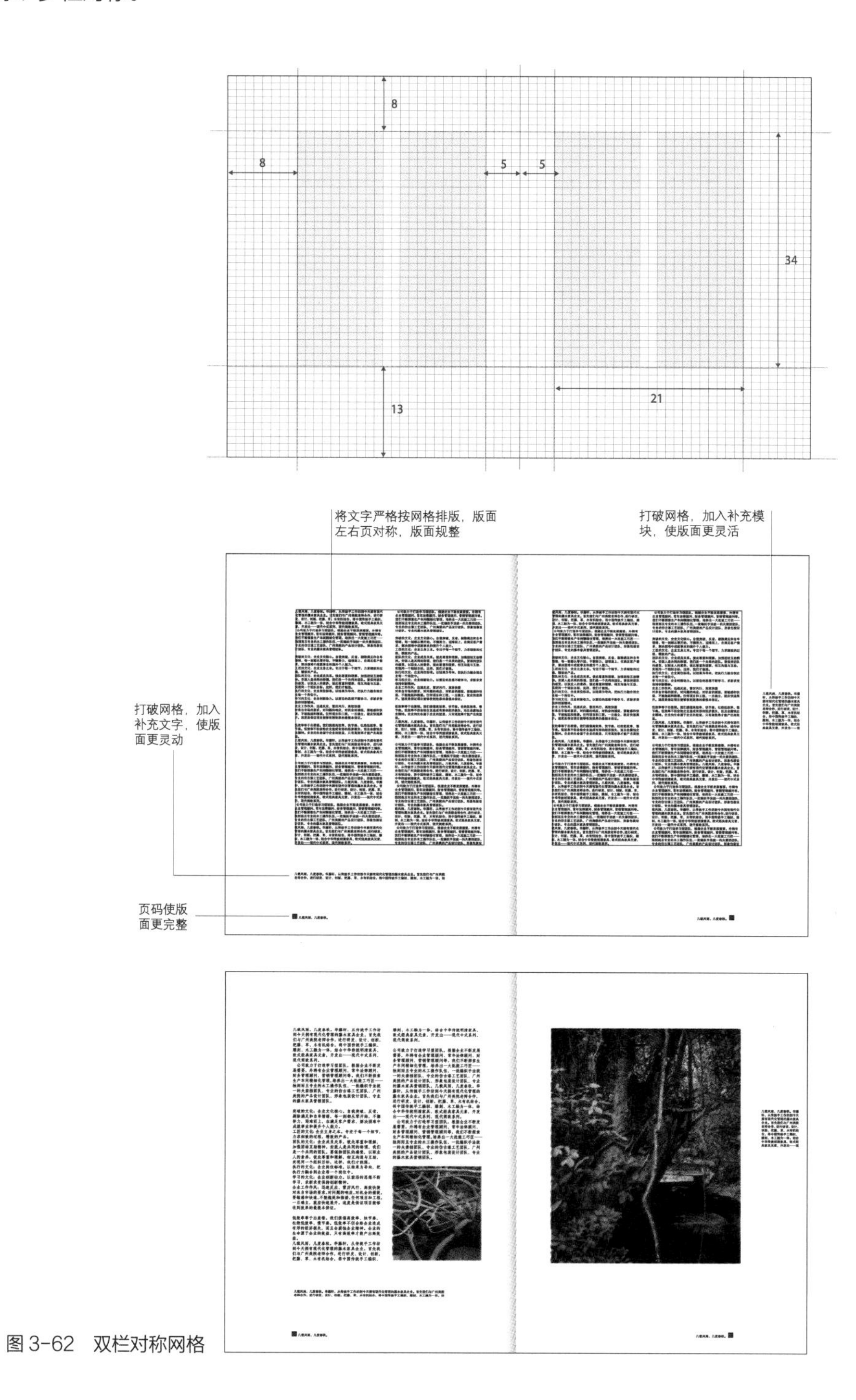

图 3-62　双栏对称网格

实际应用时，在对称网格基础上，根据内容安排不同的重点区域，可以使版面更具有灵活性（图3-63）。

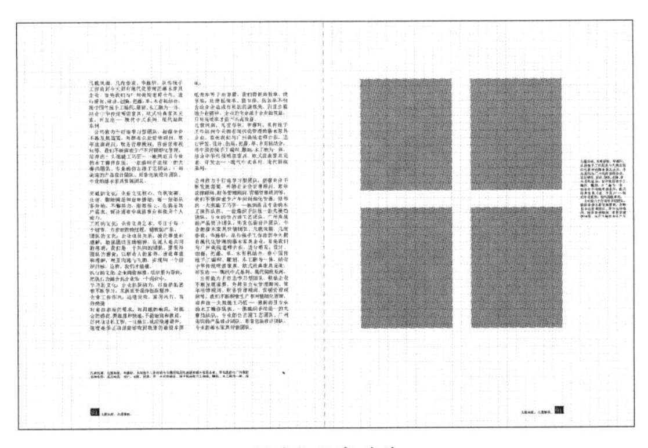

图片与文字对称

出血图片，画面具有扩张感

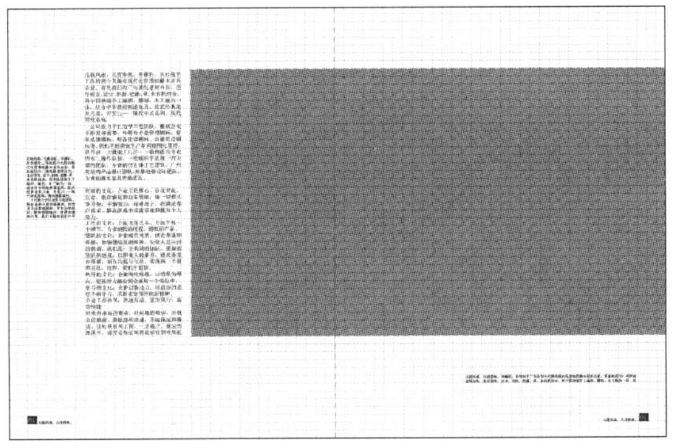

图片跨页处理，对称网格有了变化

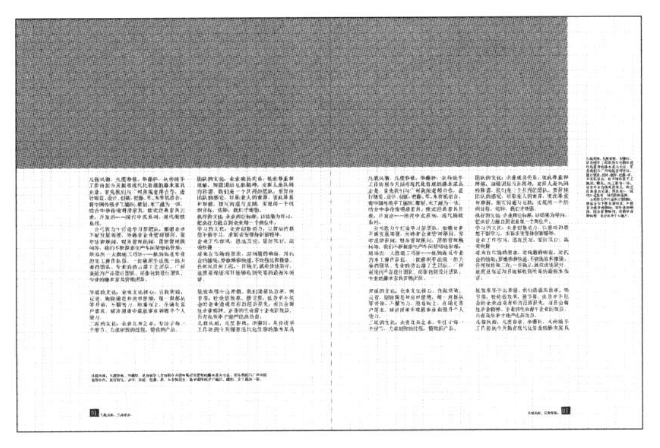

出血图片加跨页，画面具有延展性

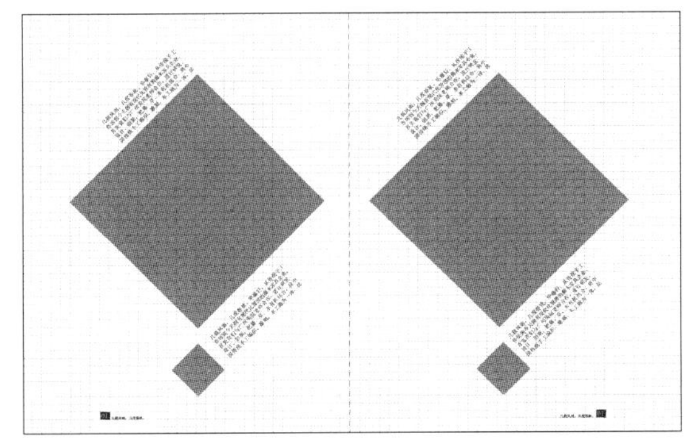

在对称网格的基础上加上角度变化，画面有动感

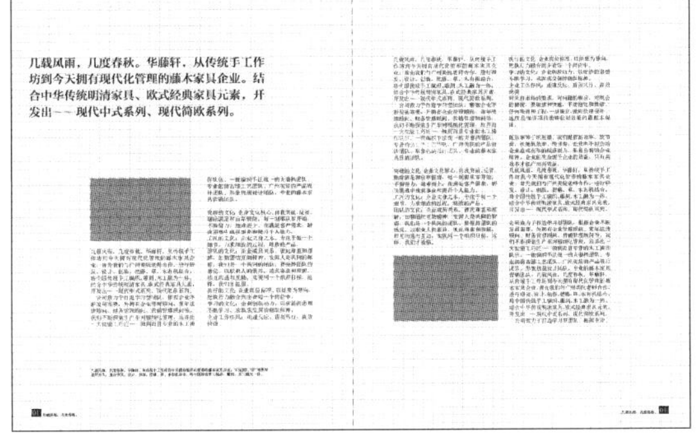

图文在基础网格中穿插，版面有跳跃感

图 3-63　对称网格不同设计形式

（2）不对称网格

左右两个对页的网格结构不对称，页面中的基本网格可以进行合并和拆分。从结构来讲就具有活泼的特征（图3-64）。

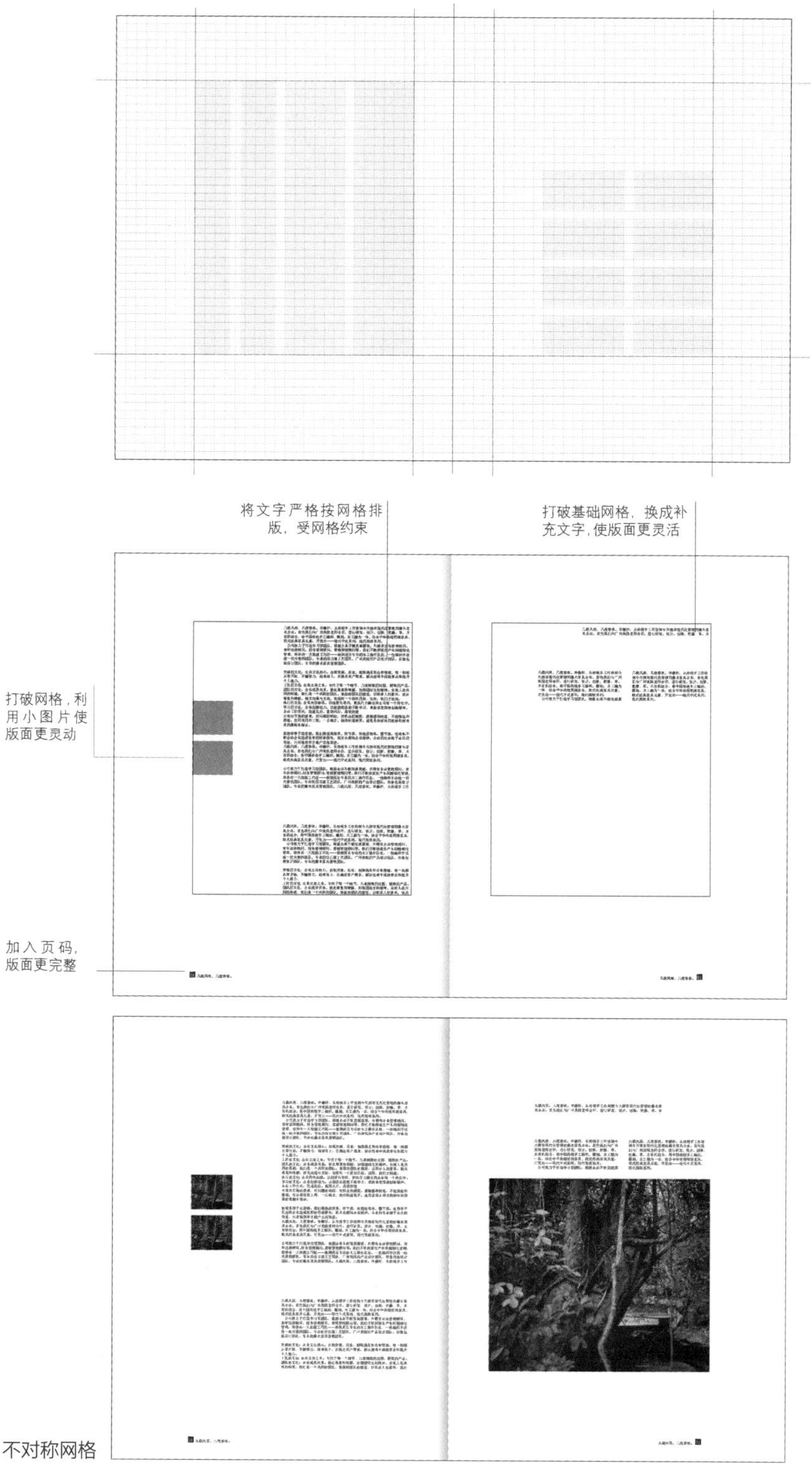

将文字严格按网格排版，受网格约束

打破基础网格，换成补充文字，使版面更灵活

打破网格，利用小图片使版面更灵动

加入页码，版面更完整

图 3-64　不对称网格

不对称网格本身灵活性较强，所以实际应用时（图3-65），要注重强调版面的统一性，避免网格形式太多找不到规律，那样就失去了网格设计的必要，网格没起到约束规律的意义。

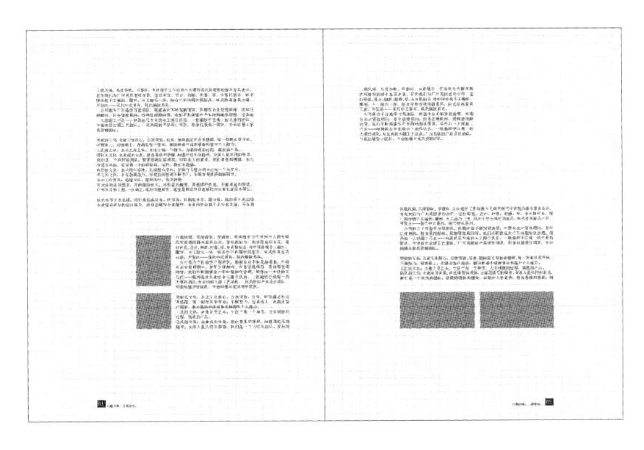

根据内容不同安排区块，使版面形式与内容统一

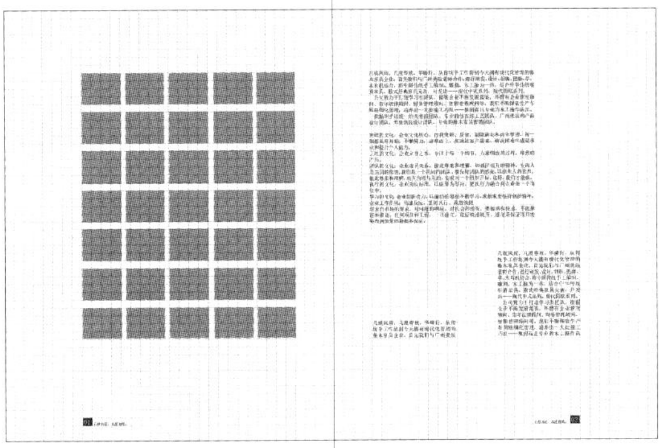

文字与图片采用不同的组合形式，增加版面整体感

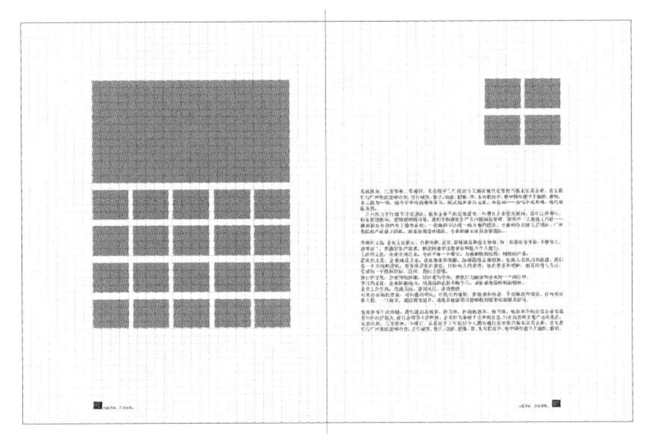

不同形状的文字块和图片，版面多变

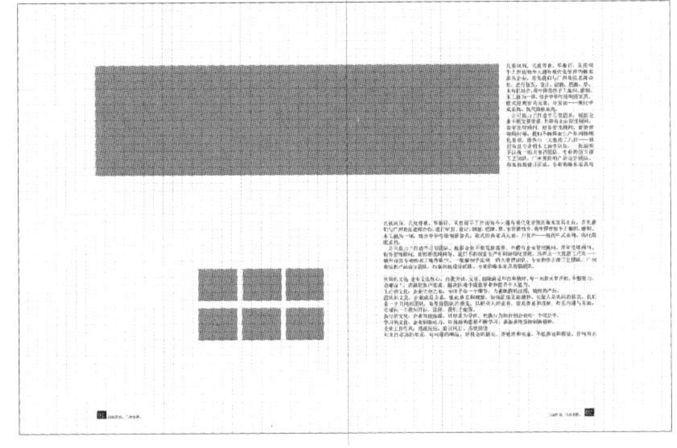

使用跨页图片，增加左右页面关联度

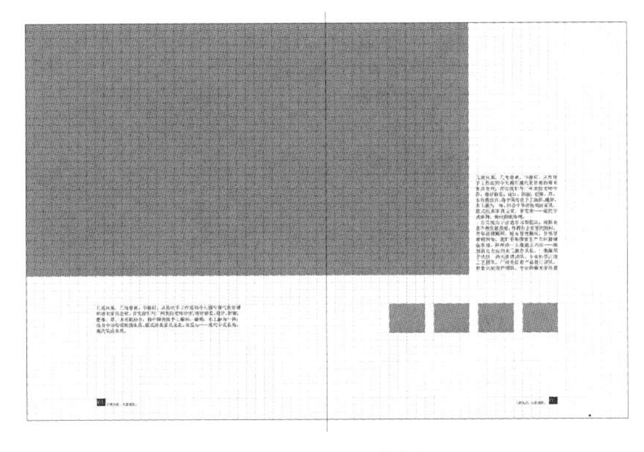

大面积图片，版面视觉冲击力强

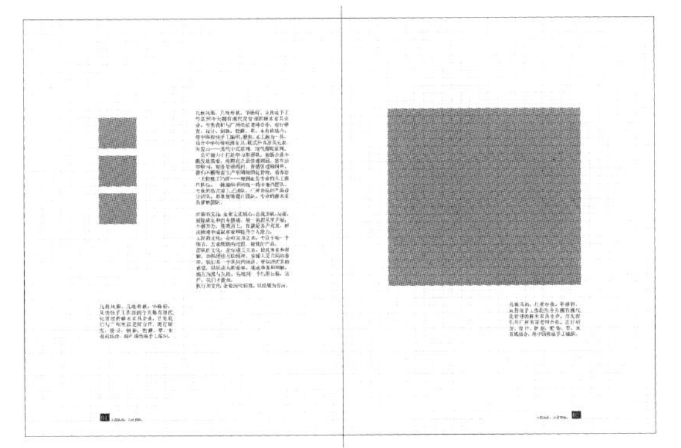

局部采用对称排版，在非对称网格布局中制造稳定及统一感

图 3-65　不对称网格不同设计形式

（3）复合网格

将基础网格整合成结构大小有规律的模块（图3-66），以模块为基础进行组合、排列（图3-67）。

由于基础模块比基础网格要大，所以实际应用时，不容易因为变化过多而导致整体感规律感不够。在模块基础上，根据内容设置不同的版面区域，图片及文字按模块组合，版面更具节奏感及整体感（图3-68）。

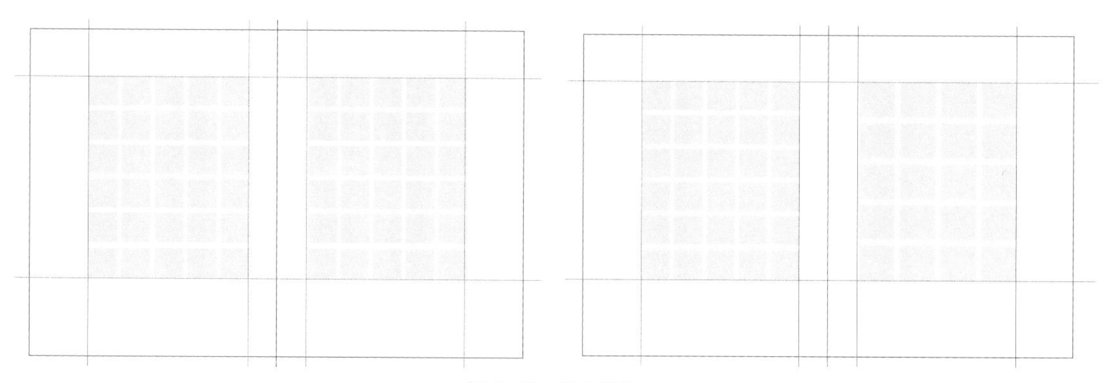

图 3-66 基础模块

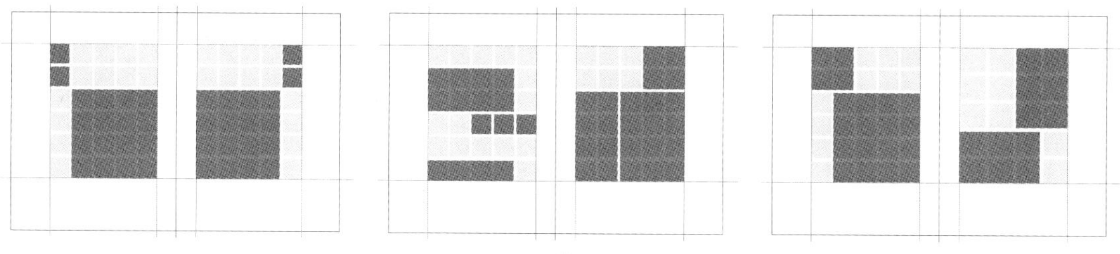

图 3-67 模块的组合

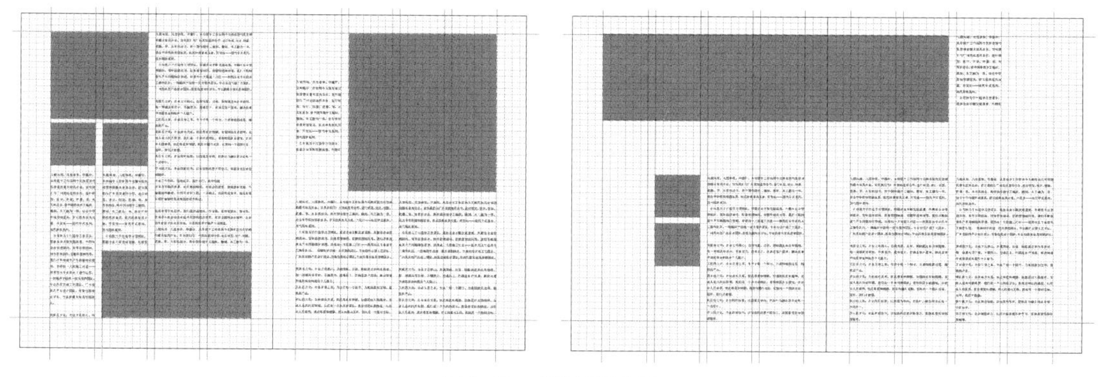

图 3-68 模块网格应用

三、设计网格

1. 参照设计作品

网格系统不一定需要从基础网格开始原创，根据排列组合原理，理论上一套基础网格可以有无数多种变化，而且无论怎么变化都离不开矩形模块。这使得网格系统很少有特别创新的网格基本样式，在排版中多是通过对网格巧妙地运用获得独特的版面效果。我们可以参考一些优秀设计作品，看看它们怎么组合的，可以根据这些作品，扩展出自己专属的网格系统。

（1）参照杂志

杂志大都是使用网格设计的，我们身边的杂志，不乏网格运用很精妙的设计。从杂志中提取出来的网格可以根据自己的设计需求进行修改完善，使之更符合内容安排和设计风格等需求。选取杂志中有共同点的页面，根据文字块、栏位、图片的布局提取出网格线，多重复几遍即可找出完整的网格线组合（图3-69）。

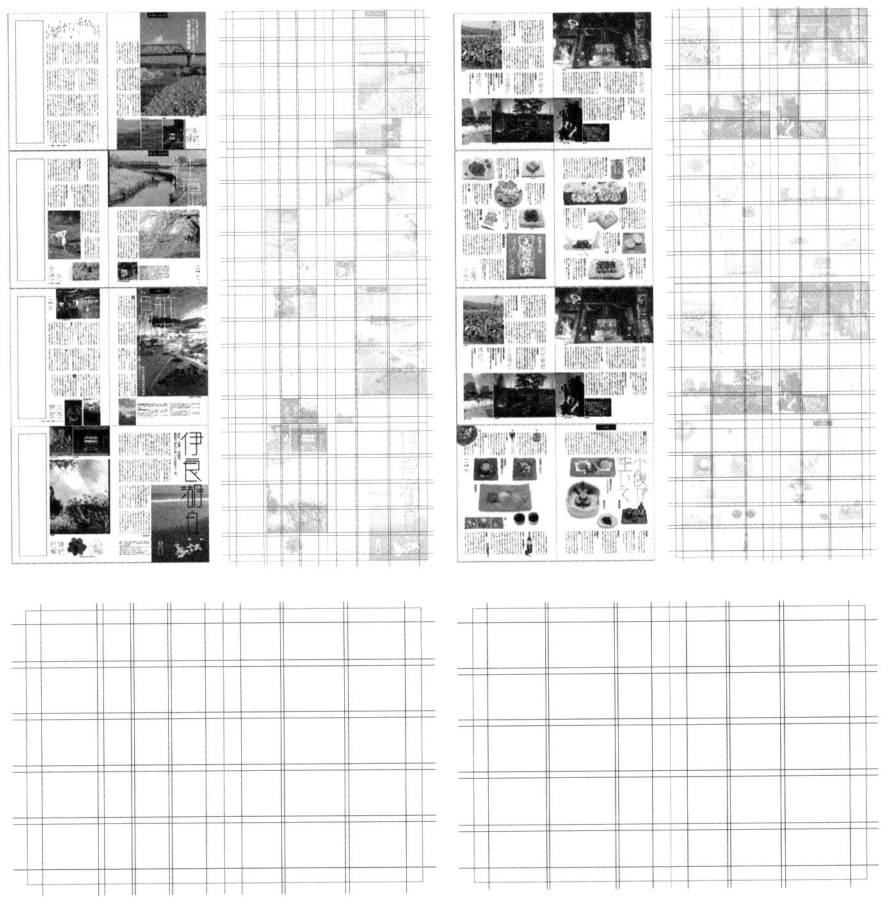

图 3-69　根据杂志页面提取网格

提取出来网格后，可发现整本杂志采用了两组对页网格。非对称和对称模块两种形式交替出现，整本杂志版面显得活泼灵动

（2）参照报纸

报纸是使用网格最严格的一种出版物。报纸尺寸较大，因此网格一般都设计得较为细密，尤其横向栏较多，这是复合人类的视觉特征的（图3-70）。从报纸中提取网格，为我们设计页面大、内容多的版面提供了很好地参照物和设计榜样，我们在设计此类作品时，根据自己喜爱的报纸网格进行修改完善，使之更符合具体设计需求。

A20 娱乐·作品

1924 ~ 2010.11.3

那只“米高梅”雄狮倒下了

无力偿还40亿美元债务，米高梅电影公司正式宣布破产

焦点

A4

“个人办报”的悲剧

都市便民报

寻找：毕华德

读者找你…

记者找你…

编辑找你…

难道你比我还忙？

常见中文报纸网格

常见英文报纸网格

图 3-70　报纸网格非常清晰

（3）参照网络媒体

现在网络媒体基本都使用CSS网格框架进行设计（图3-71）。所谓框架，其实是从纸媒网格学习而来。目前使用最广泛的是960网格系统，类似于纸质版面的58网格。960网格系统可能是现在最受欢迎的网格系统，因为它使用起来非常灵活，能快速地构造9×3，3×3×3，4×4×4×4，10×2等栏栅数目的布局原型。使用CSS网格框架进行网页设计，条理清晰，设计速度快，非常实用。

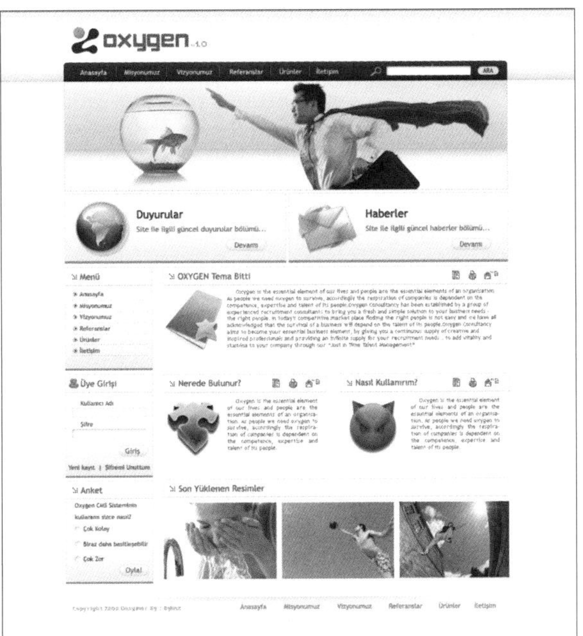

图 3-71　使用 CSS 网格框架设计的网页

2. 按数学比例创建网格

数学比例自古以来就跟艺术有着不可分割的关系。比例关系作为美学的基础学科一直被深入的研究和应用，最广为人知的黄金比例和螺旋法则，使艺术和设计作品充满了理性的美感。甚至只要在设计中简单套用数学比例关系，就可以使作品达到视觉和逻辑上的平衡与和谐。版面比例是否和谐会直接影响整体效果，灵活使用数学比例，可以让版面作品充满生命力。

（1）三分网格（ 九宫格）

在页面中设置3×3的九宫格（图3-72），网格线的交叉点形成“重点区域”。将版面的重要元素安排在这些交叉点周围，可增加版面生动性，吸引人们的注意力。三分法形成的比例均衡的间距，带来一种均衡的审美愉悦。

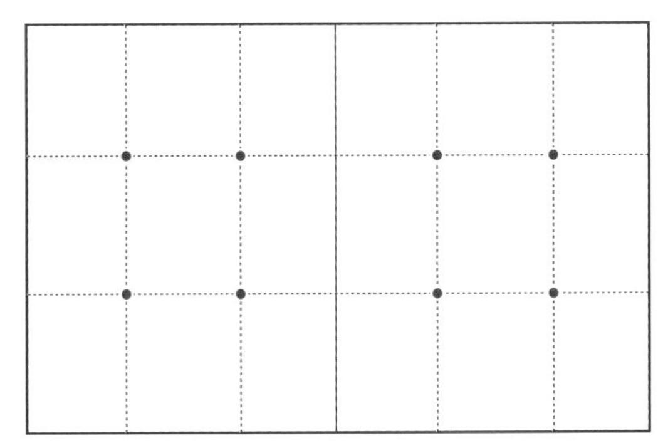

图 3-72　使用三分网格设计版面

（2）菲波那契数列（ 黄金比例）

斐波那契数列中，每一个数字都是前两个数字之和。比如1，1，2，3，5，8，13，21…相邻两个数的比值非常接近黄金分割比（1：1.618），将斐波那契数列里的数字应用于页面基础网格的组合，页面平均分成相应数量的小单元格，版心、内部留白、边空等不同部位所占的单元格数都按照数列数字进行划分，以这种方式来确定图文的比例关系，是最简单获得近似黄金分割比的方法（图3-73）。这种比例分割也称为黄金分割，能够获得和谐连贯的视觉效果，在设计、建筑等许多领域中均有应用。

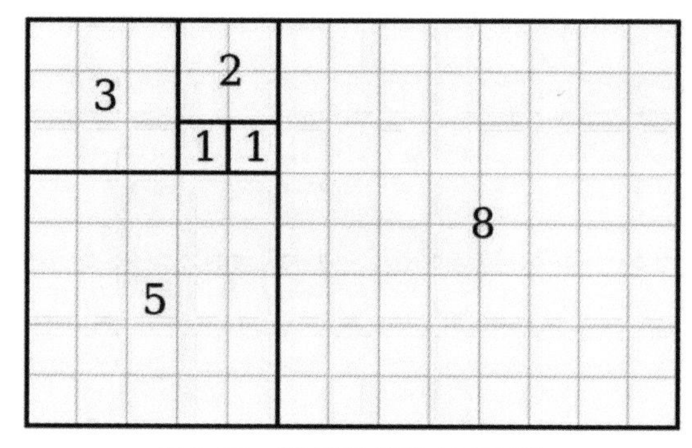

图 3-73　斐波那契数列应用于网格

（3）白银比例

白银比例其比值为1：1.414（图3-74），精确值为$\sqrt{2}$：1，是比黄金分割比略短的长方形。以纸张为例，长边减半，长宽比依旧不变。A系列的纸张A0、A1、A2…A5，所有尺寸的纸张长宽比都相同。A0对裁后可以得到2张A1，A1对裁可以得到2张A2，依次类推。这让A系列规格的纸张非常好用，画在A4纸上的图画可以等比例放大到A0海报上。手边只要有某一款A系列的纸，即能做出任意大小得A系列。

运用到网格设计上，即是所有的网格线所组成的网格比例都应该是白银比例，这样的网格系统无论进行怎样的组合及分割，比例关系都是统一的，会产生很强的协调感。白银比例是目前在日本运用得比较多的一种比例关系，似乎东方人更喜欢白银比例。

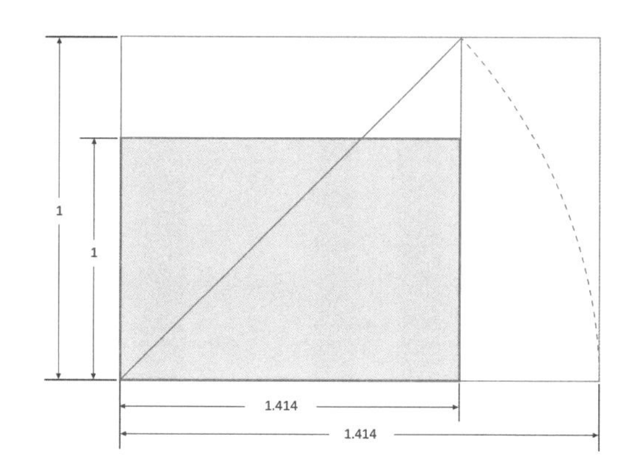

图 3-74　白银比例

3. 使用软件中的网格

各类具有排版功能的软件都会自带许多设定好的网格，往往以模板的形式呈现，我们选用一种模板，就是使用了这套网格系统。也可以自己建立专属的网格系统，存成模板使用。

（1）Word网格

Word新建文档时会有各种模板（图3-75）可供选择，如果什么都不选，新建的文件也有默认的网格，包含了字体、字号、行距、字距、页边距、页面分栏等网格内容。这是按照大多数人的使用习惯提供的常规网格。我们在使用时修改了任何一项参数，实际就是创立了自己用于该文档的网格系统。这个软件属于办公软件，在各种公文排版应用时特别方便，但进行版面设计和多页面文档制作均不太适用。

图 3-75　Word 自带模板

（2）InDesign网格

在InDesign中新建文档的时候会跳出一个对话框，对话框里有十分丰富的选项（图3-76）。新建一个ID文件时，改变其中几个关键的设置，就可以建立一个多列（栏）的网格。这是一个非常专业的排书刊的软件，可以完美涵盖设计、排版、照排、生产各个环节，用得熟练的，也可以进行单页复杂的版面设计。

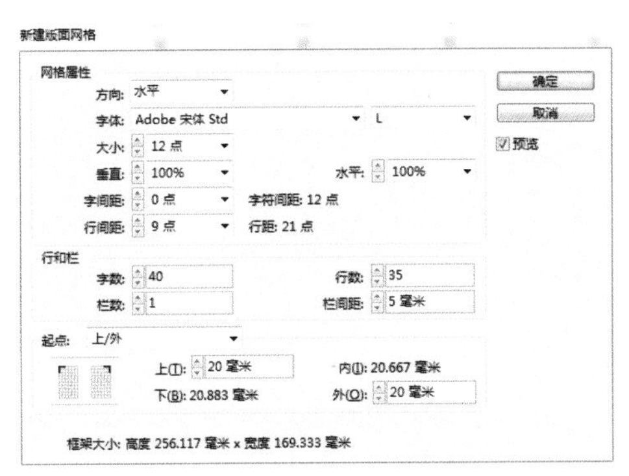

图 3-76　InDesign 新建网格界面

（3）Illustrator网格

在Illustrator中，创建文件时有一个从模板新建菜单（图3-77），单击之后，会出现许多软件自带的版面模板。这些模板可以根据自己的需求进行调整和修改。这是个基于单页插画的矢量软件，不是排版软件，不能建立多页面文档，所以只适合排页面少的作品。由于后期无法进行拼大版等生产性操作，绝对不能用于大量连续的页面文档的排版。

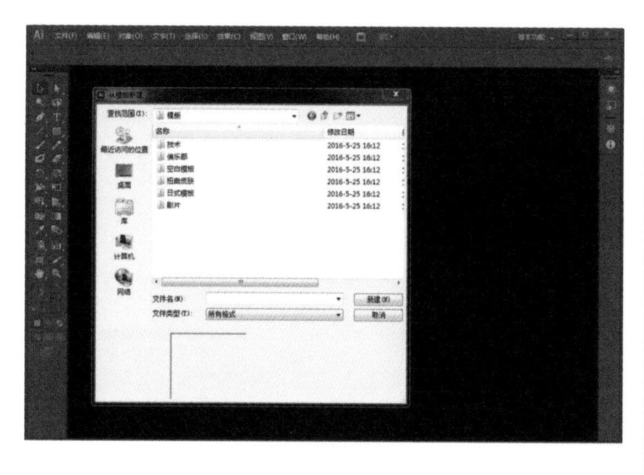

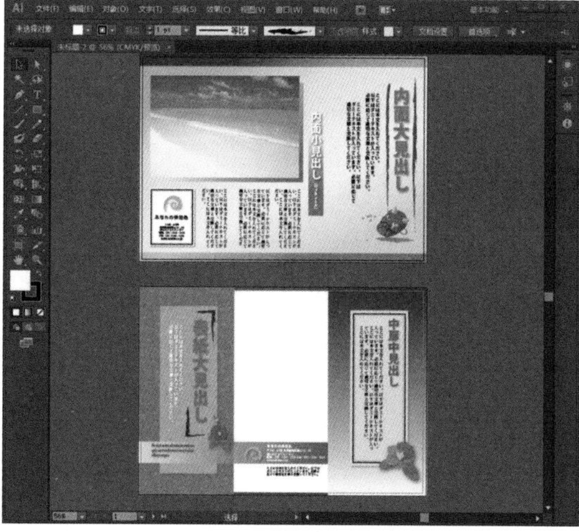

图 3-77　Illustrator 模板

（4）CorelDraw网格

在CorelDraw中，文件菜单下有从模板新建和另存为模板选项（图3-78），可以使用软件自带的模板，也可以导入外部模板以及自己原创模板。这个软件可以建立连续页面的文档，但由于其本身是矢量绘画软件，与专业排版软件相比还是有差距，许多细节参数要一个个手动设置，稍有不慎会非常麻烦，因此不建议用于大型连续多页面文件的制作。

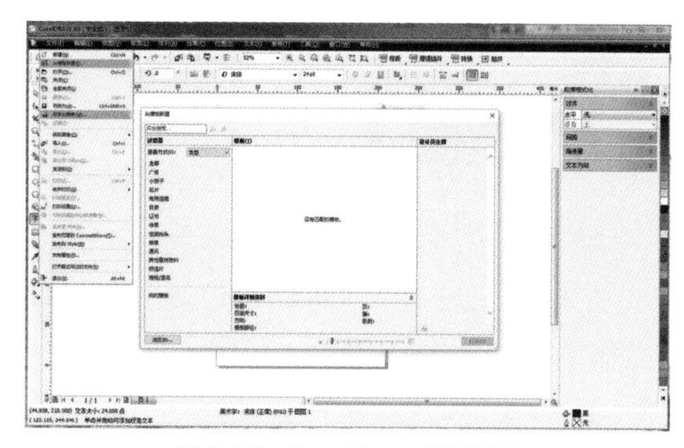

图 3-78　CorelDraw 模板界面

（5）方正飞翔网格

方正系的软件，国产专注于排版与生产用软件，适合多页面的排版，与InDesign类似。软件的网格设置完全按生产要求，非常规范（图3-79）。

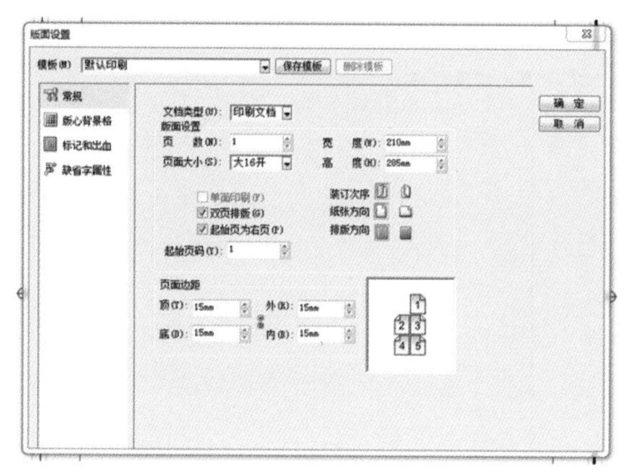

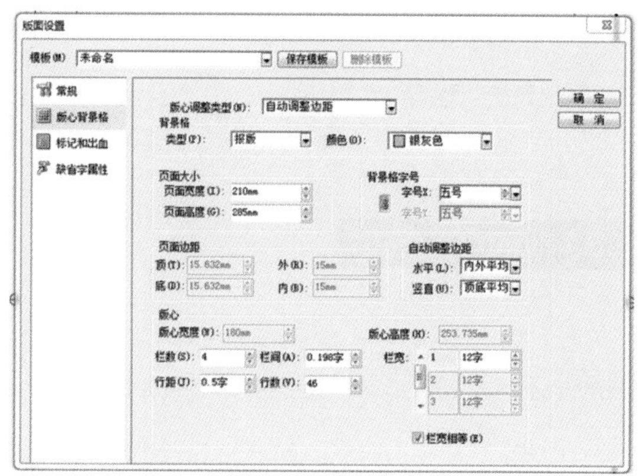

图 3-79　方正飞翔版面设置界面

四、用网格设计

1. 确定版面尺寸

在做设计时，第一步就是要确定好作品尺寸和制作尺寸。作品尺寸指的是作品制作完成之后的成品尺寸，制作尺寸则是在设计与制作过程中的尺寸，这两个尺寸往往不一样。

书刊杂志类印刷品，都存在印刷完成之后需要装订、切边，最后到达读者手上的才是成品尺寸。对于这类作品，考虑到成品需要切边，制作尺寸要大于成品尺寸，一般在设计时需在切口位置加上切割的余量（图3-80）。

预留的切口余量尺寸，我们一般称之为出血，指的是超出成品幅面范围而被裁切掉的图像（图3-81）。至于这个切口余量应该设多少，国家印刷品指导性标准是3mm，实际生产中有最小只设1mm的。其他产品具体要求根据材料、特性以及加工设备精度而定。因此成品尺寸加出血宽度就是制作尺寸，印刷品一般就是在切口边各加3mm出血。

凡是需要切割的作品，在设计时，靠近切口位置的各种视觉元素必须做出血。无色部分不用出血，矢量的色块可以最后再做出血，照片之类的事先就要考虑好是否需要预留出血位（图3-82）。

图3-80　书籍封面尺寸

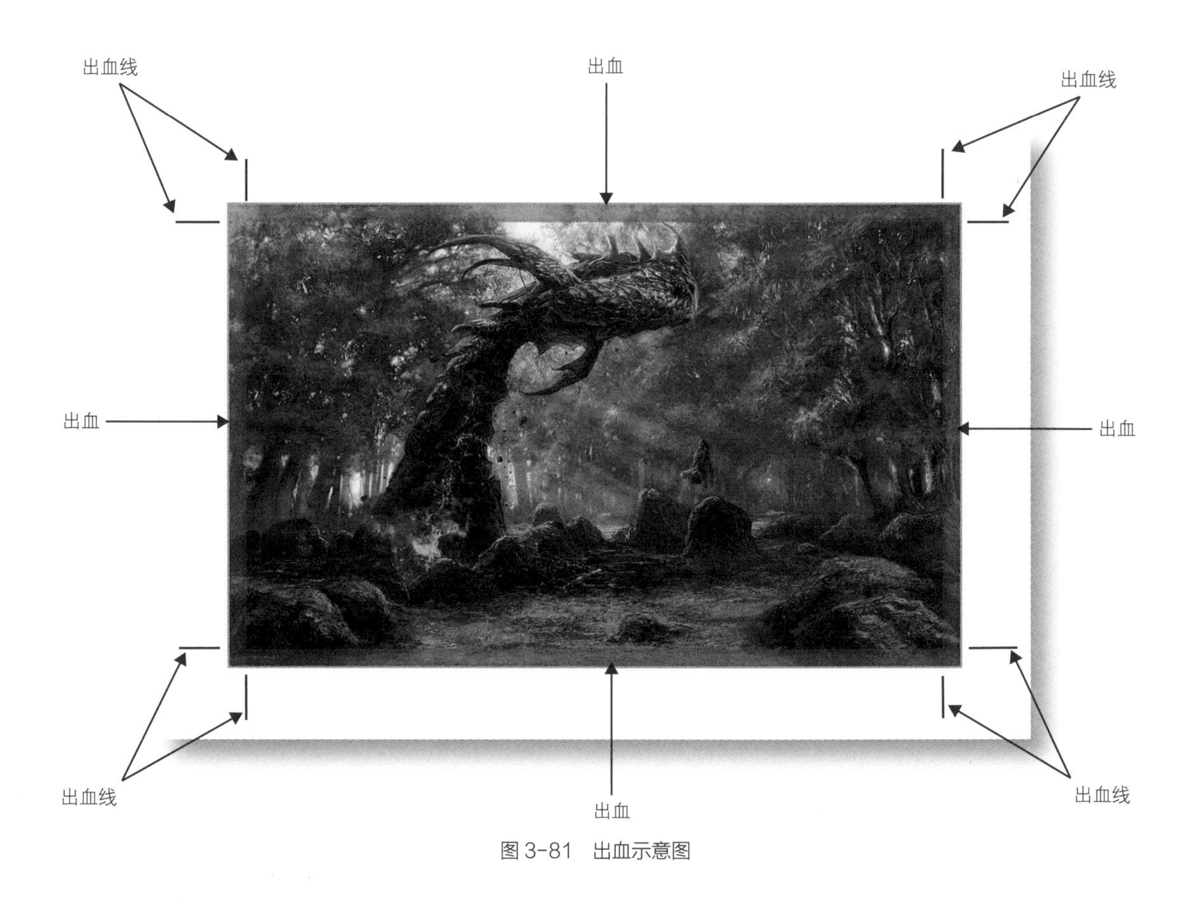

图 3-81　出血示意图

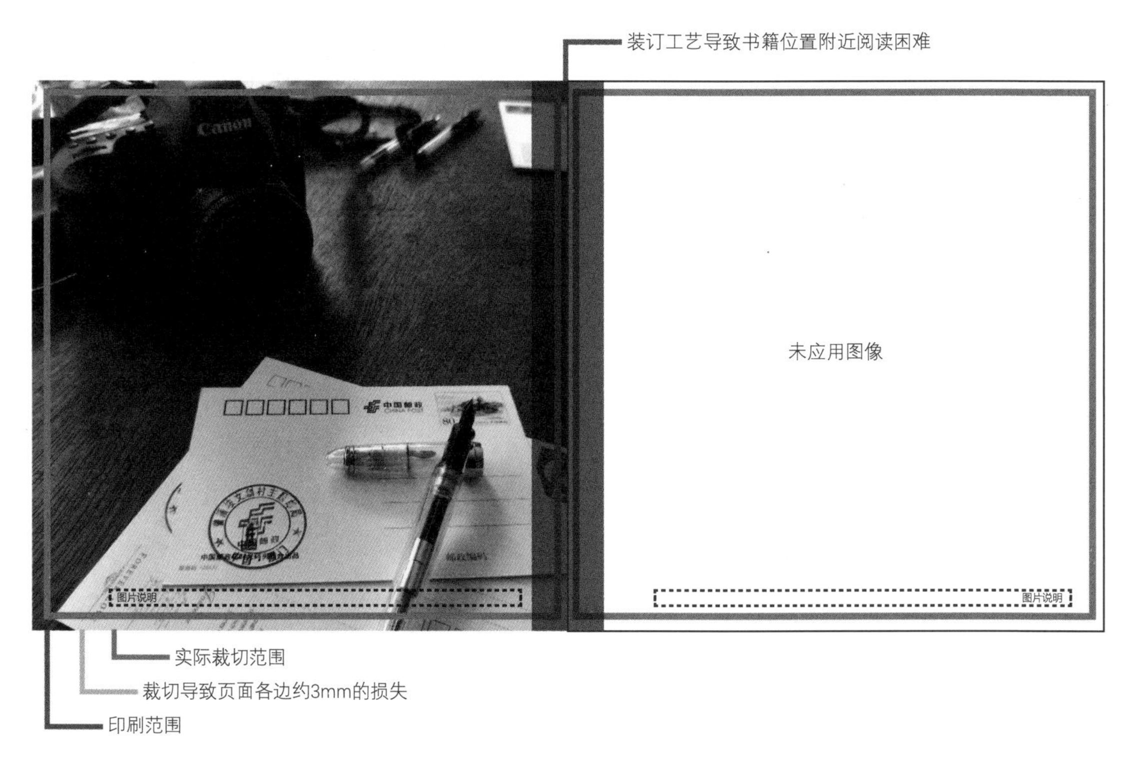

图 3-82　出血的设置

基于数字终端，尤其是网络系统的版面，终端显示出来的能被观众看到的才算成品尺寸。为了让一个版面能够适配不同的页面纵横向、可视范围、视觉习惯、多种不同形状尺寸和精度的显示终端，除了精度和尺寸度量使用相对值，制作尺寸也可能会小于成品尺寸，以便不同屏幕比例的终端也能完整展示（图3-83）。这会导致在大屏上显示时可能会有空白边条出现，一般会用设计好的底纹铺满不至于露大片白。后续所有设计，都是在这个尺寸范围之内进行。考虑到终端基本是固定的几种类型，因此这类数字版面的尺寸在设计时，一般都会由相关行业规范提供，对照选择即可，不需要自己原创。

图 3-83　数字终端版面

2. 确定版心规格

版心规格用版心宽度 × 版心高度表示。如文字或图表超过版心规格，称“超版心”，但是这种情况在网格设计中极少。根据版面功能的不同，版心规格也应该有所区别。

从版面的和谐看，行距宽的版心，边空应宽一些；反之，密排的要窄一些。以书籍为例，理论书籍的边空可留大一些，便于读者在空白处书写和批注。精装本和纪念性文集用小版心和较宽的边空，能增强书籍的贵重感。出版量小，读者少，成本高的书刊，边空可留小一些。袖珍本、字典、资料性的小册子以及廉价书要尽量用大版心，好利用纸张，边空小一些。

版心还与文本阅读功能关系密切，在设计版心时，文字不能太靠近版面边缘以便给读者视线有一个明确的换行提示，版心规格与文字的字行长度、行距、字距搭配都对文本的阅读功能影响较大。因此在进行版心设计时，还应该规定好字号字距与行距。

版心位置略偏上的设计，是因为人类的视错觉，往往会觉得相同宽度的横条，偏上部的比偏下部的宽。因此，版心如果在页面中略偏上，天头比地脚略窄，视觉上会有均衡感。而且页码一般会放在页面下部，地脚略宽刚好能预留出页码位置，不至于下部太局促。

版心偏向左右外边空的设计，主要是考虑到如果最终成品需要装订，订口要预留装订位，而且较厚的书籍，书本翻开形成的页面弧度会导致内边空靠近订口处文字不易阅读，至少要做到读者不必用手去按压就可看到最里边的文字。

3. 内容填入网格

（1）水平网格版面设计

基本元素横向排列，利用网格留白、图形布局、线条等视觉元素，引导读者视线进行横向阅读（图3-84）。

SHENZHEN ECONOMIC DAILY

深圳商报

全力以赴抗疫 全国两会推迟

深中通道响起机器轰鸣声

按下"法治键" 战"疫"更有序

以最接地气调查求解企业纾困之策

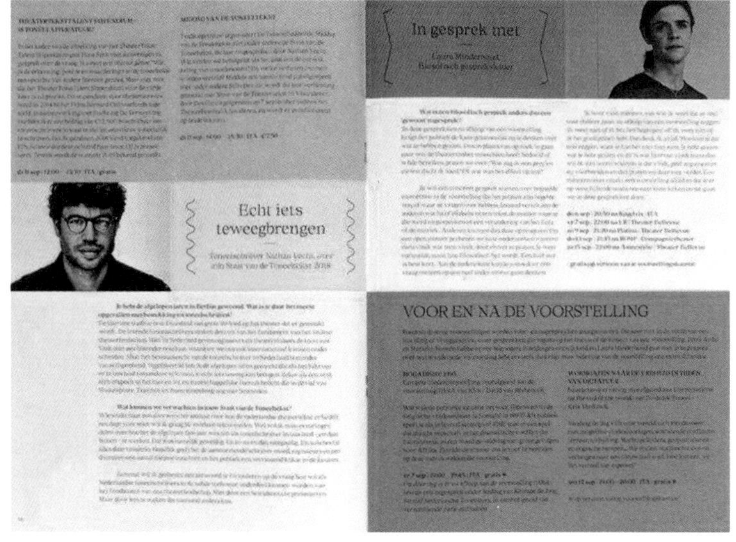

图 3-84 水平网格版面

（2）垂直网格版面

相关元素竖向排列，利用网格方向、图形布局、线条等视觉元素，引导读者视线进行纵向阅读（图3-85）。

图 3-85　垂直网格版面

（3）倾斜网格版面

将网格线进行角度倾斜，所有元素按照倾斜的网格线排列，内容与外框形成奇妙的对比（图3-86）。

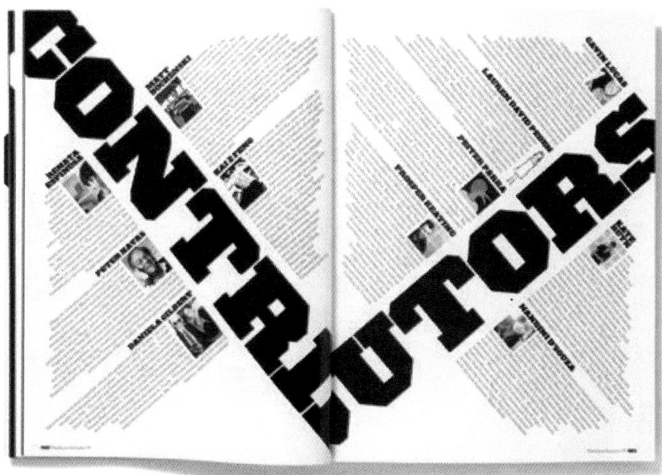

图 3-86　倾斜网格版面

（4）居中网格版面

将相关元素居中对齐排列，利用外围网格的留白，引导读者实现重点阅读（图3-87）。

图 3-87　居中网格版面

（5）局部破格版面

网格使版面能保持一种整体感，但这种简单规律如果被广泛和机械地使用，会造成版面呆板、缺乏变化与生气。所以，局部地或者零星地打破网格，可以很有效地提高版面的设计感（图3-88）。

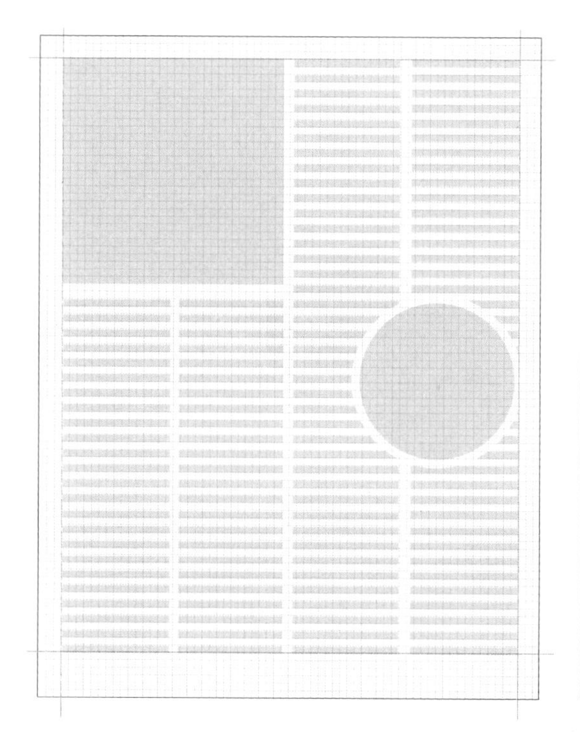

图 3-88　局部破格版面

第四章

版面分类实战

第一节　名片

一、名片案例分析
二、名片的分类
三、名片信息呈现
四、名片设计创意
五、名片设计流程
六、名片欣赏

第二节　折页

一、折页案例分析
二、折页设计创意
三、折页结构
四、折页信息设计
五、折页设计流程
六、折页设计欣赏

第三节　书籍

一、书籍案例分析
二、书籍设计原则
三、书籍结构
四、书籍必备信息
五、书籍诞生流程
六、书籍设计欣赏

第四节　包装

一、包装案例分析
二、包装设计创意
三、包装版面形式
四、包装版面信息设计
五、包装版面设计流程
六、包装设计欣赏

第一节

名片

一、名片案例分析

1. 项目简介

- 客户：重庆玮兰床垫有限公司，其logo如图4-1所示。
- 设计：宋海燕

图 4-1　公司 Logo

2. 设计重点

此名片根据企业特点，有两个版本，一款设计针对总部员工（图4-2），一款设计针对专卖店员工（图4-3）设计。

名片正面

WELAND 玮兰

杨丽丽
重庆市场部策划主管
MOb:13883008888
E-mail:lili168@163.com

服务热线：400 809 5889
www.weland.com.cn

深圳市玮兰床垫家具有限公司
地址：深圳市福田区彩田路彩虹大厦4层4049室
邮编：518026 传真：(86) 755-8291 6978
电话：(86) 755 8291 5238

重庆玮兰床垫家具有限公司
地址：重庆市渝北区空港区工业园区A区宝桐路
邮编：401120 传真：(86) 23-6713 8560
电话：(86) 23-6745 9690　6745 9691
E-mail:weland168@163.com

姓名
思源宋体 12pt
部门、职位
思源黑体 7pt
装饰线
0.5pt
公司全称
思源黑体 8pt
联系信息
思源黑体 6pt
Verdana Regular 5.7pt
品牌信息描述
思源黑体 5pt

名片背面

玮 兰 的
/
我 们 的

旗下品牌：玮兰床垫 / 方寸床垫 / 其棕床垫 / 玮兰软床 / 酒店专供

图 4-2　总部员工款

名片正面

WELAND 玮兰

胡杨杨

成都专卖店 店长

MOb:13988831388

玮兰床垫成都专卖店

地址：成都武侯区佳灵路56号圣地亚阳光商场展示馆1F

电话：(86) 28- 8675 8295

重庆玮兰　服务热线：400 809 5889　www.weland.com.cn

姓名

思源宋体 12pt

部门、职位

思源黑体 7pt

装饰线

0.5pt

公司全称

思源黑体 8pt

联系信息

思源黑体 6pt

Verdana Regular 5.7pt

品牌信息描述

思源黑体 5pt

名片背面

旗下品牌：玮兰床垫 / 方寸床垫 / 其棕床垫 / 玮兰软床 / 酒店专供

图 4-3　专卖店员工款

- 材质：200g左右滑面或其他特种纸
- 规格：90mm × 55mm
- 色彩：根据品牌标准色应用
- 工艺：胶版印刷

二、名片的分类

名片是版面设计中看起来最简单的一类设计作品，它尺寸小，结构简单。但是，名片所需要用到的知识点在所有版面设计中是最多的，要考虑字号、字体、字距、行距、层级关系、位置关系、色彩关系，甚至网格系统和设计风格。同时，它还具有极强的功能性。

名片的功能主要有三个：宣传、加深记忆、提供联系方式。基于这三个基本功能，名片在设计时应该把突出重点信息、强烈的可识别性、便于收纳整理放在首位；其次才是从名片的艺术性方面进行考量。

根据名片的使用需求，我们一般分为常规名片和创意名片两大类。

1. 常规名片

主要突出企业信息，版面设计以功能性为主，一个企业通用一到三种版面形式。最重要的是宣传企业，其次是个人信息和联系方式，这三大要素构成基本款名片。考虑到适用人群，常会有正反面中英文设计（图4-4）。

必上信息：企业Logo、企业名称、标准字、标准色、姓名、部门、职位、联系方式等。

其他信息：可以正面中文版，背面英文版；也可正面中英文对照，背面是企业标准色及广告语等内容。

图 4-4 常规名片

客户：厦门智同方达科技有限公司
设计：宋海燕

2. 创意名片

主要突出名片主人个人特色，版面往往采用较为夸张或者复杂的设计，让人耳目一新。许多设计会加入互动性，强调趣味（图4-5），可以吸引受众收藏把玩，可能会牺牲一部分功能性信息的传达。

必上信息：名片持有者的身份、职业、工作单位、联系方式、该名片使用时所涉及的业务范畴。

其他信息：跟名片持有者相关的内容都可以放上去。

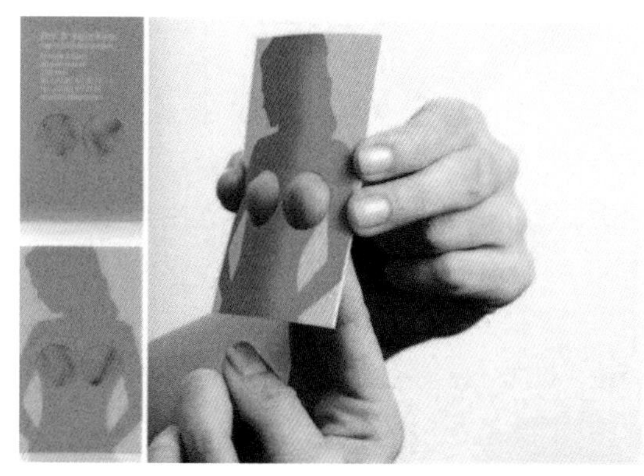

整形外科医生名片，正反面和特殊材质的巧妙运用

设计师名片，渐变与特异在方寸之间的运用

图 4-5 创意名片

三、名片信息呈现

名片面积小，一般会利用正反两面传达更多信息（图4-6）。

正面：姓名、公司名、职位、联系方式、主营业务等信息。要注意区分信息的主次关系和层级。

背面：根据名片用途，可以放置正面内容的英文版；也可以放置次一级信息，如社会兼职、公司广告语等。

Logo：依据企业VI应用规范，将Logo、辅助图形、标准字合理安排到名片中。具体情况要根据名片用途进行设计。如果是业务用名片，必须确保公司Logo的标准性和醒目性；如果是个人为主的名片，则以突出姓名和联系方式为主。

颜色：使用能反映该行业或个人特色的颜色，也可直接使用企业标准色。

文字：字体使用上，一般商业化较强的习惯用无衬线体，显得节奏较快；文化艺术类风格的则可选用衬线体。

字号：主要根据主次层级关系进行字号、字距、行距设置。

学生作品

- 设计：欧阳晓君
- 指导：陈琪莎

图4-6　名片正反两面信息呈现

四、名片设计创意

虽然现在出现许多电子名片，但基本形式还是沿革传统名片，而且在很多重要场合，实物名片的权威性、可靠性要大大高于电子名片。

实物名片常规结构就是一张能正反面印刷的卡片，由于需要统一收纳以备查找，所以需要固定尺寸。在这个基础上，我们可通过折叠镂空等结构上的创新，使名片结构变得丰富有趣。也可以通过材料、技术和设计，来提升名片的吸引力。名片代表了公司和个人的形象，如何能够体现出行业和个人特点、吸引受众目光、让人爱不释手，需要好好设计。

1. 尺寸

国内常用90mm×55mm；美式常用90mm×50mm；欧式常用85mm×55mm；可以横版，也可以竖版。一般名片最终收纳尺寸不应大于这个标准。

2. 结构创意

（1）折叠

可以采用折叠结构让名片多出一部分可视面积。也可以通过巧妙折叠，使信息呈现出有趣的效果。一些特殊设计的名片甚至可以具有特殊的使用功能体验（图4-7）。

图 4-7　折叠名片

（2）模切

把名片按事先设计好的图形模切刀版进行裁切，个性化创意名片常采用这种设计方法。有些常规名片也会局部用到（图4-8）。

图 4-8　模切名片

（3）粘贴

将名片用粘贴加工手段制作，往往这种名片会有类似袋子的结构，可以在里面装入其他物品。也有将不同材质裱贴到一起的（图4-9）。

主打自然有机的品牌名片，粘贴成信封，装上天然种子

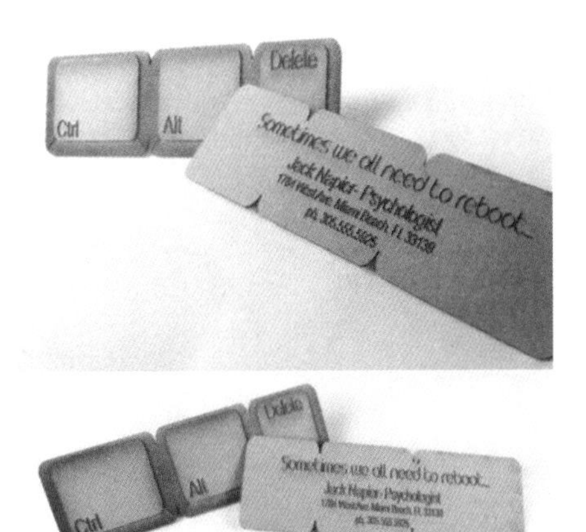

心理学家名片，用两层卡纸粘贴出凹凸感

图 4-9　粘贴名片

（4）撕拉

名片加上易撕线或不干胶，某些部分可以很容易撕开，具有使用感（图4-10）。

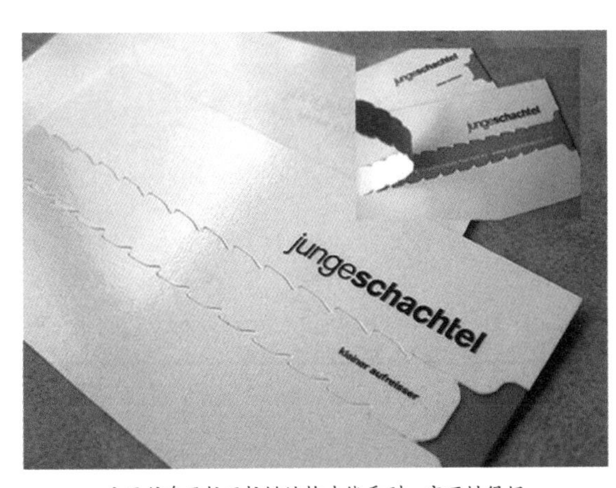

主要信息要拉开拉链结构才能看到，交互性很好

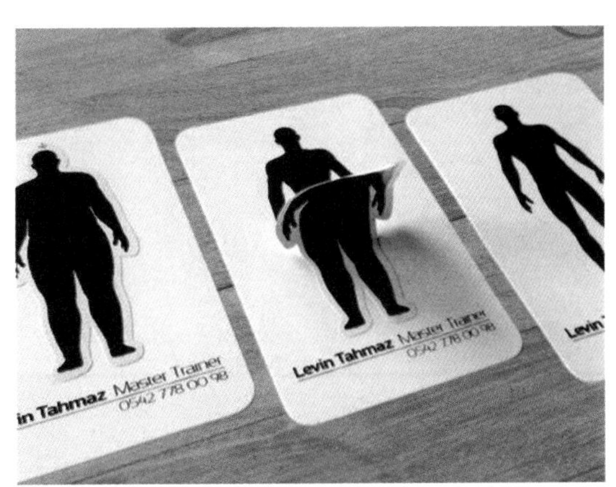

画面可变名片，行业属性非常直观

图 4-10　可撕拉名片

3. 印刷工艺

常规印刷工艺，表现力有限。名片在设计与制作时为了达到吸引眼球加深记忆的目的，往往选用一些精美的特殊加工工艺，增加名片的视觉触觉和整体美感，体现附加值。

（1）烫印

烫印可以给印刷品印上常规油墨无法呈现的效果，比如金银色、珠光色、镭射色等。需要借助一定的压力和温度，将金属箔用烫印模版和承印物压合，使金属箔按烫印模版的图文形状被压印到承印物表面（图4-11）。

图4-11 使用烫印工艺

（2）浮雕

工艺上叫压凹凸印或击凸，分为有色和无色两种。类似于敲钢印，需要对凹凸版施加压力将浮雕压出来，较厚的纸张效果比较明显。立体感和触感均很好，看上去非常高档。简约的设计也可以用浮雕表现得非常丰富（图4-12）。

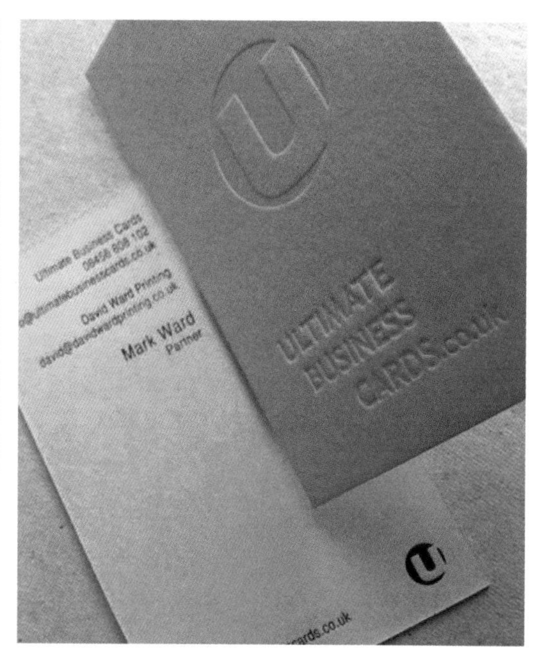

图4-12 使用浮雕工艺

（3）刷彩边

在名片的侧边印上颜色，也叫滚边擦色。当一整盒名片齐刷刷地放在一起时，侧边的视觉美感瞬间出来了。如单张名片比较厚实，单张也会有勾边效果（图4-13）。

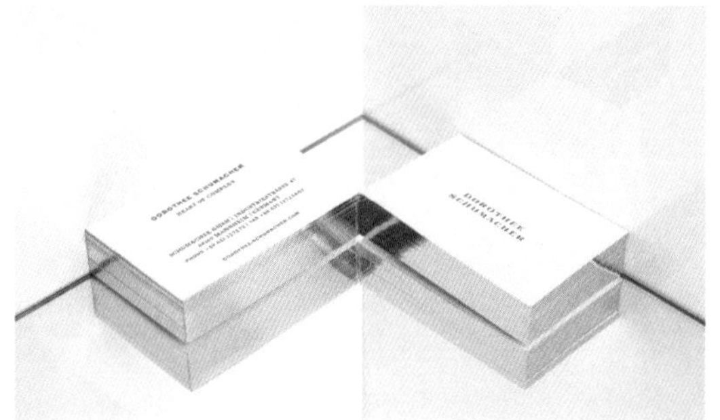

图 4-13　使用刷彩边工艺

（4）特殊油墨

CMYK四色油墨之外的特殊油墨，一般用于给印刷品增添特殊的效果，表现高档感。常见的有UV油墨、荧光油墨、金属油墨、发泡油墨、温感油墨等（图4-14）。

透明亮光 UV

温感油墨

图 4-14　使用特殊油墨

4. 特殊材质

除了常规使用的的纸材，名片也可以用其他非常规材质，比如布、皮革、塑料、木、竹等，能呈现出不同的手感和视觉效果。

（1）软质材料

往往采用缝制方式成型，表面印刷根据材质不同可选用丝网印、热转印、压印等方式。由于材质表面具有纹理，会损失一部分信息精度，设计时即要考虑进去（图4-15）。

帆布加缝线装饰

皮名片，信息用压凹凸技术呈现

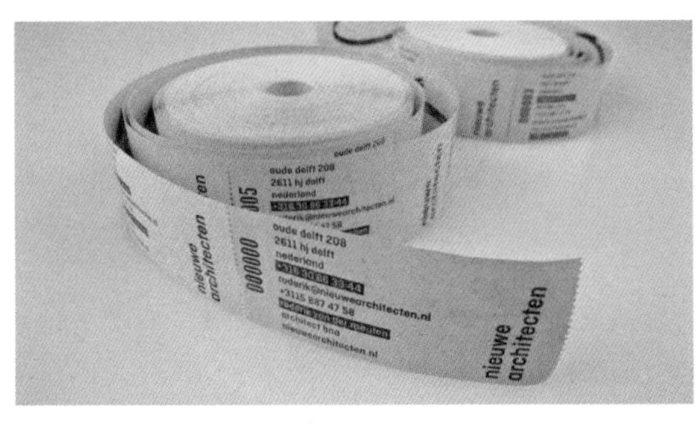

一卷可撕名片，服装水洗标材质，耐水耐撕耐揉

肉干材质，可食用色素印刷，供户外极限活动用

图 4-15　使用软质材料

（2）塑料系列

塑料种类繁多，许多都可用于制作名片，除了半透明、镜面、磨砂等异于纸张的观感和手感，实际使用中也具有防水耐用等优点。印刷时需要用到特殊工艺，对有阶调的色彩呈现有一定影响（图4-16）。

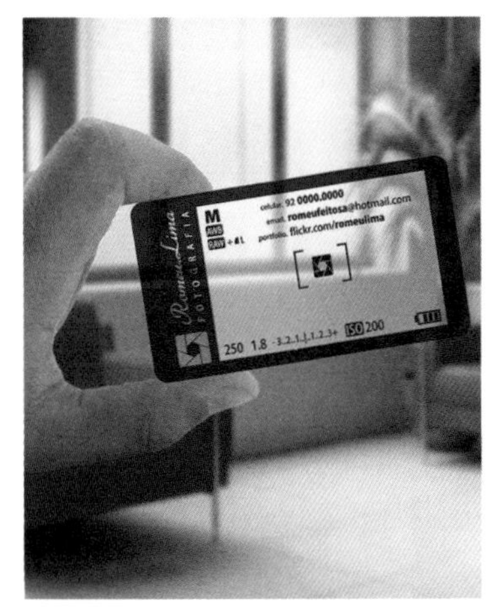

PVC，采用丝网印刷

镜面材质，信息用压凹凸的方式呈现

彩色亚克力名片，文字激光雕刻

图 4-16　使用塑料材质

（3）木质

使用薄木片或者基材上裱木皮的形式。文字等信息一般通过激光雕刻或者丝网印刷呈现。因批量生产和加工不易，比较少见（图4-17）。

（4）金属

金属会有高档感，可通过表面处理获得多种色彩外观。也可做成镜面、磨砂等效果。印刷时需要用到特殊工艺，包括雕刻、切割、焊接、腐蚀等金属独有的加工方式。金属名片比较少见（图4-18）。

（5）综合材质

多种材料的综合应用。一般会以纸作为基础材质（图4-19）。

图 4-17　木质名片

城市规划师名片，镂空处翻折后变成桌面装饰品。大大提升名片的附加值

自行车公司名片，兼做维修调校工具，绝对不会被丢掉

图 4-18　金属名片

金属圈、纸卡、刺绣白布的结合

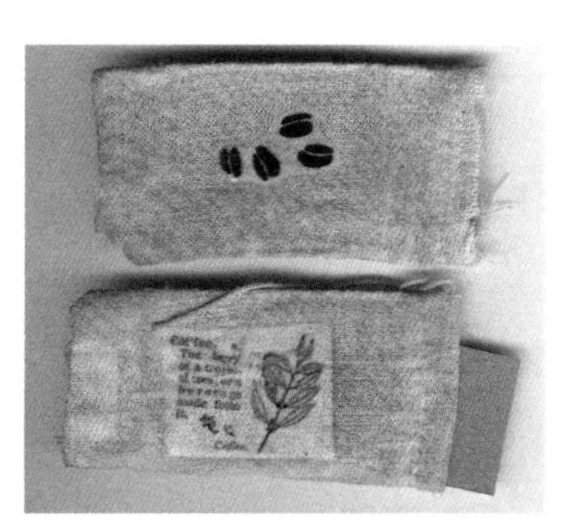

木皮与纸卡片的复合，正反面加工方式不同

纱布缝制成咖啡豆袋子，内有纸质卡片

图 4-19　综合材质名片

5. 综合创意

（1）立体

纸张等材料通过折叠设计，从平面形态变为立体形态。要求能立起和折叠之间方便转换，否则影响名片功能（图4-20）。

双层纸，黄色层模切、折叠形成立体构造

折叠成型，直观表现产品特征

图 4-20 立体名片

（2）嵌套

多层次材质通过夹层、抽拉、旋转等形式结合到一起，一般会以纸作为基础材质（图4-21）。

DJ 名片，上面一层圆盘可转动，模拟打碟动作

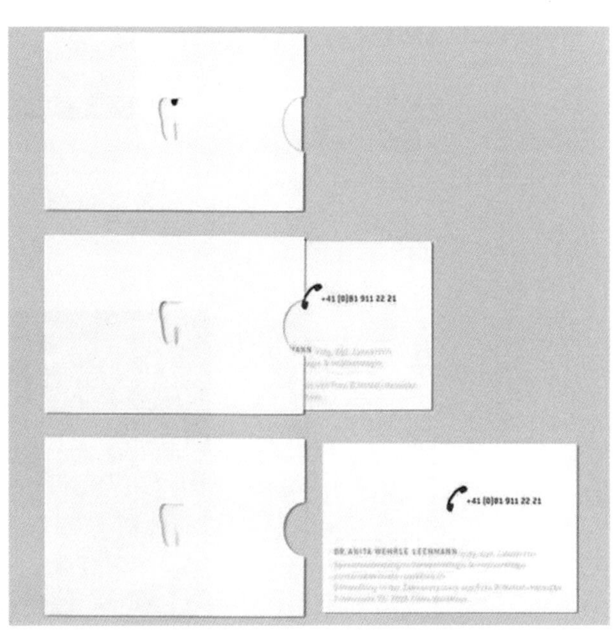

牙医名片，通过抽拉中间层，牙上的蛀斑消失

图 4-21 多层嵌套名片

（3）仿真

通过表面肌理图案、模切外观形状等方式，把名片设计得像是一件真实的物品，很容易给人留下深刻的印象（图4-22）。

（4）互动

通过可撕、可折、可活动、可开启等材料或者结构设计，让原本平面的名片具有一定的用户参与性，受众通过与名片的互动，对名片内容产生记忆（图4-23）。

APP开发工程师

空手道教练

图4-22　仿真名片

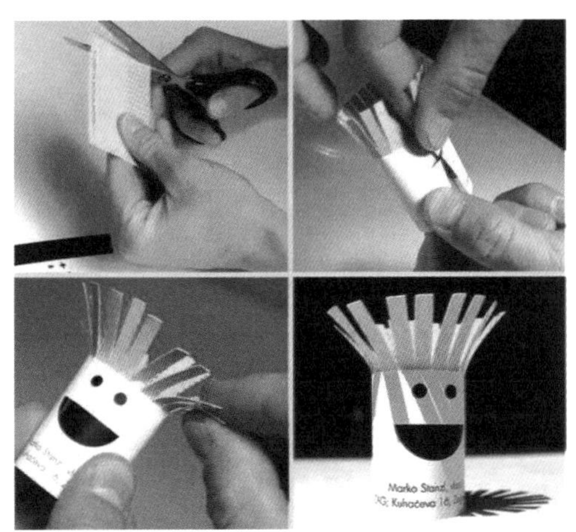

图4-23　互动名片

理发师名片。可随意修剪名片上半部，模拟头发造型，趣味互动

五、名片设计流程

第1步　确定页面（正反面）。

第2步　确定尺寸（折叠等特殊结构，成品尺寸不能超过90mm×55mm）。

第3步　准备设计所需元素（标志、辅助图形、文字信息、公司信息等）。

第4步　排版设计。

第5步　检查文字等。

第6步　发给客户确定。

第7步　修改。

第8步　做输出文件。

第9步　发给制作公司。

第10步　验收，提交给客户。

六、名片欣赏

1. 常规名片欣赏

常规名片会使用各种丰富的材料和设计制作手段增加名片的吸引力和感染力。与创意名片相比，突出特点在于其外形一般采用较为规矩的标准尺寸，既可以传达正式感，又方便在矩形页面条理清晰地呈现出更多功能性信息（图4-24）。

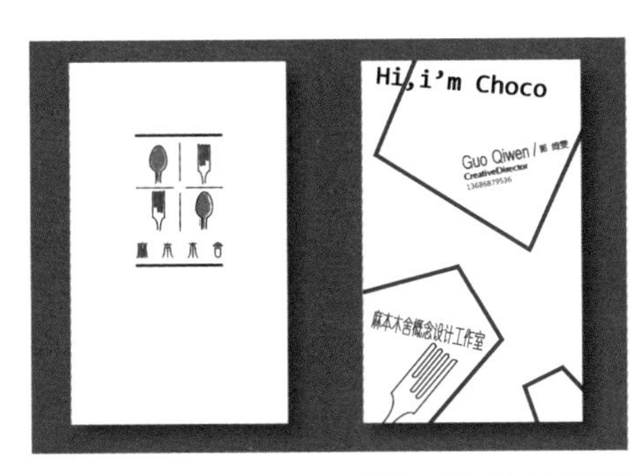

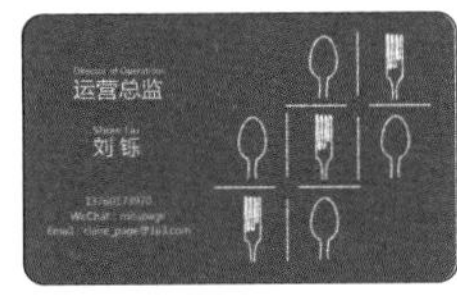

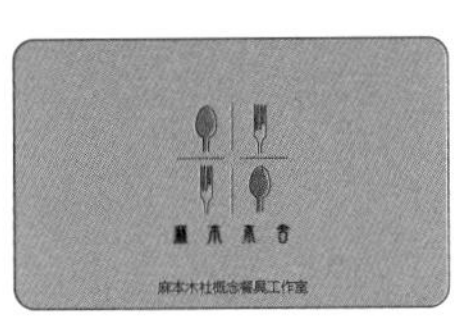

学生作品

- 设计：郭绮雯、刘铄
- 指导：陈琪莎

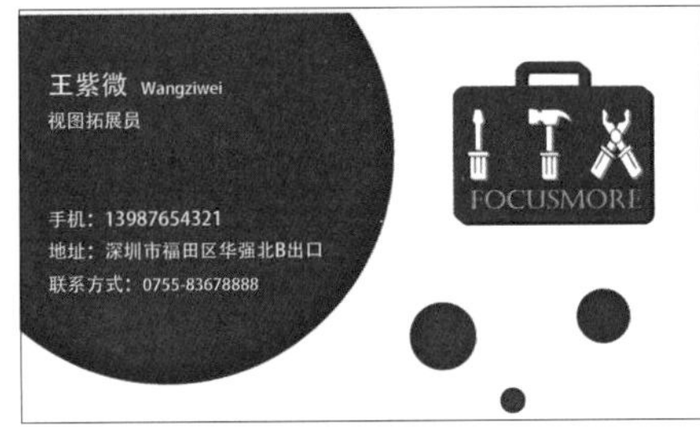

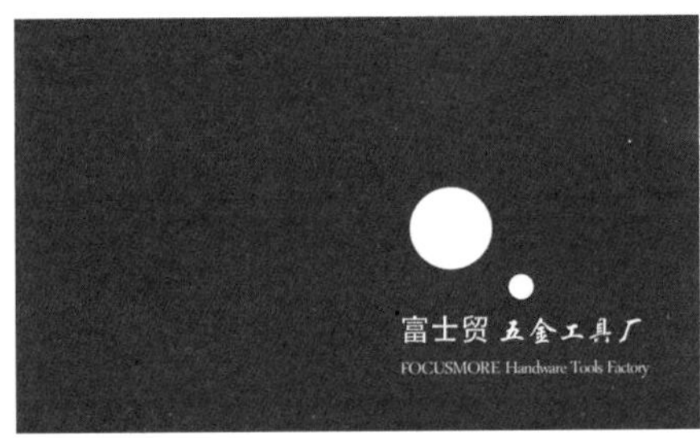

学生作品

- 设计：王紫微
- 指导：陈琪莎

学生作品

- 设计：江心玫
- 指导：陈琪莎

图 4-24　常规名片欣赏

2. 创意名片欣赏

创意名片的设计重点在于新颖的结构、少见的材料、有趣的视角、刻意求新的版面，有趣才有吸引力。因此创意名片的尺寸往往不够规矩，不超标准尺寸最大范围即可。版面形状导致功能性信息会比常规名片少，层级和条理会有所减弱（图4-25）。

异型模切设计，精心设计的模切形状，使得名片的正负形态均柔美动人

建筑师名片，模切加折叠

镂空透光名片

航空公司立体名片

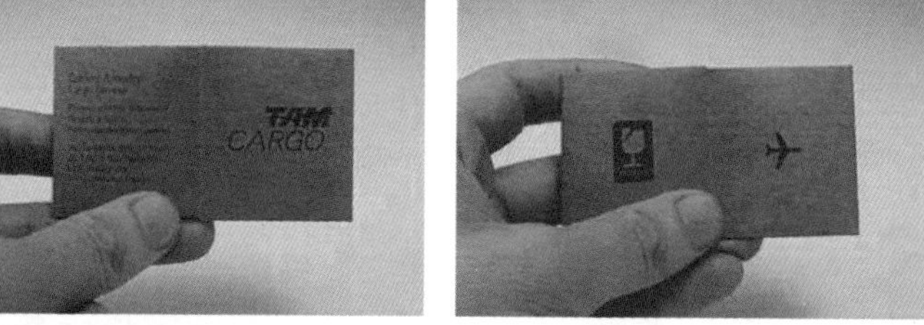

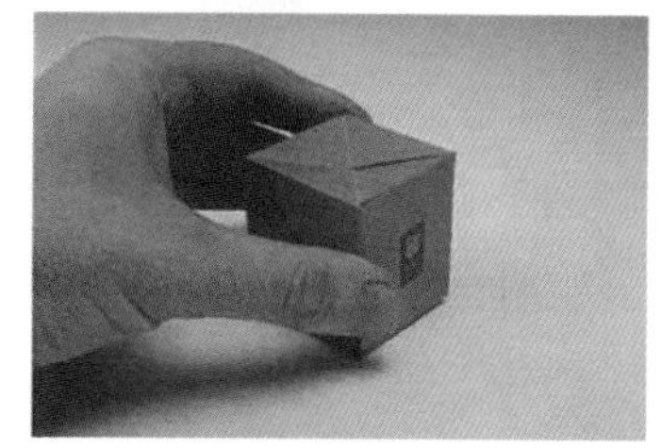

货运公司，整体设计成一个自锁底纸盒形态

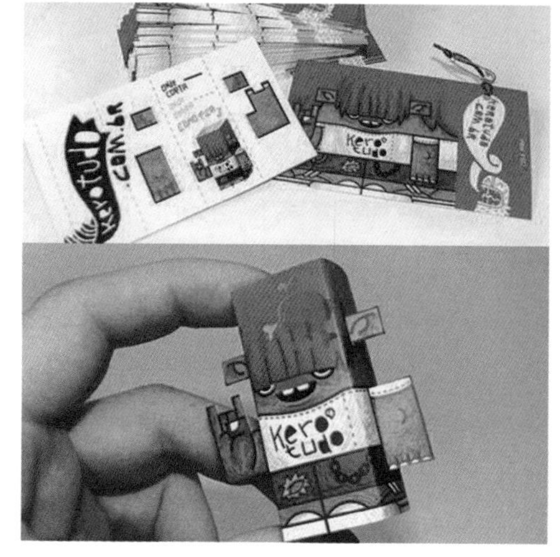

折纸玩具名片

温感油墨印刷名片

浮雕名片

设计公司名片

奶酪刨丝器仿真名片

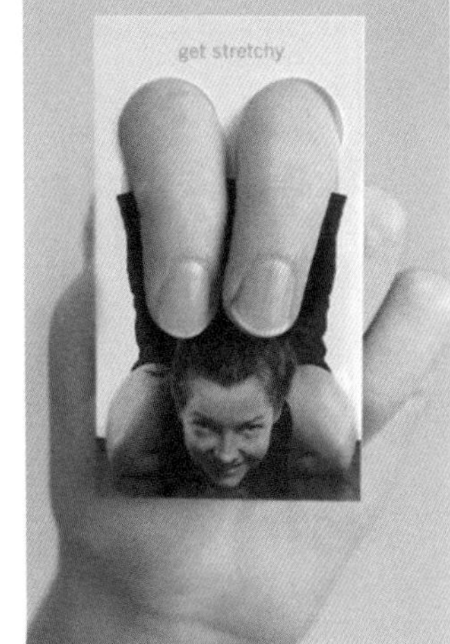

瑜伽中心互动名片

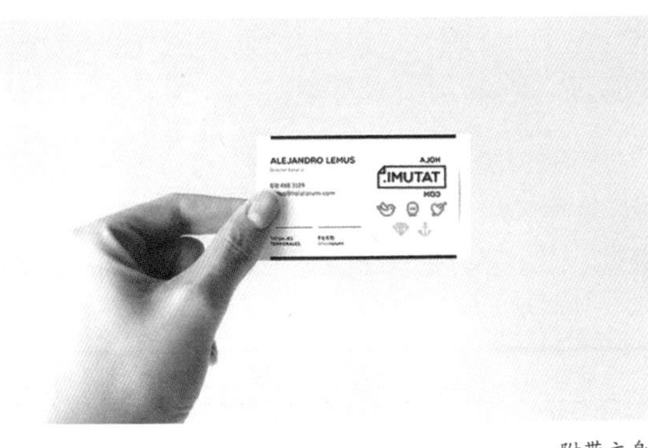

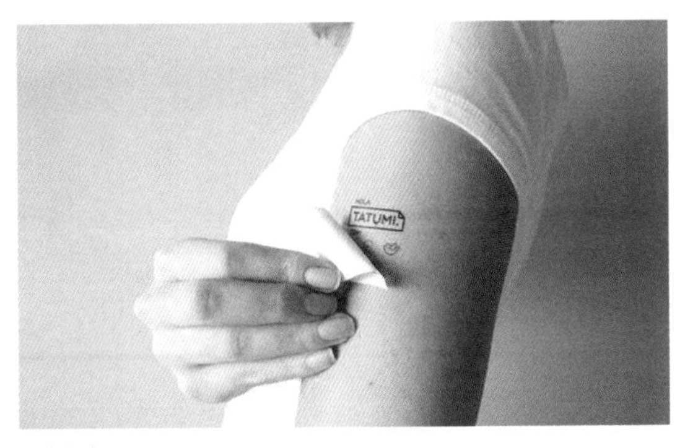

附带文身贴纸的名片

图 4-25　创意名片欣赏

第二节 折页

一、折页案例分析

1. 项目简介

项目主体：设计互联|海上世界文化艺术中心，其Logo如图4-26所示。

官方网址：www.designsociety.cn

图 4-26　设计互联的 Logo

设计背景：设计互联|海上世界文化艺术中心是百年央企招商局招商蛇口、世界顶级博物馆英国国立维多利亚与艾伯特博物馆（V&A）联合创办的综合创新文化机构，是亚太地区最具规模的设计聚合力平台，也是世界级设计艺术新地标，筹备了7年之久。于2017年12月2日正式开幕。整体形象使用了大面积红色与亮灰色，网站（图4-27）、广宣用品（图4-28）、活动现场（图4-29）均统一使用。在正式开幕前，需要设计一份适用于张贴宣传的海报，要易于携带、发放，还要包含详细的中心场馆介绍内容。

设计机构：Bruce Mau Design（加拿大）。

设计理念：折页与海报合二为一，大尺寸、多页面的单张折页。折页状态下便于携带、传播，介绍内容可以使用近距离阅读的小字号，以容纳更多信息。完全展开后是一张正式的开幕邀请海报，可供张贴。

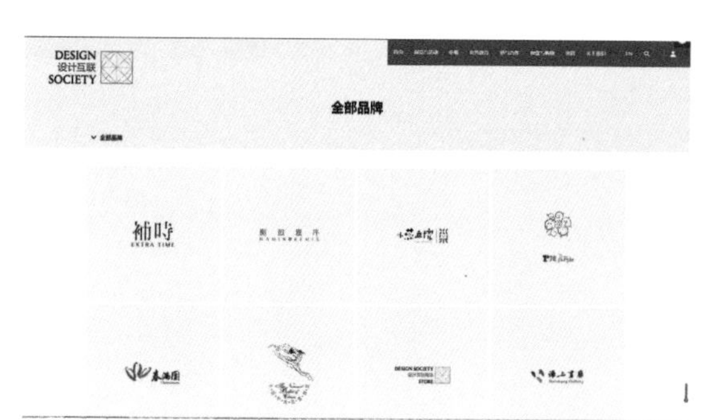

图 4-27　设计互联官网页面

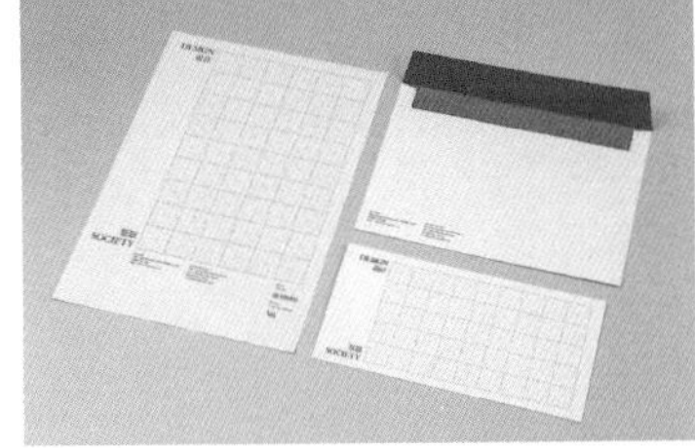
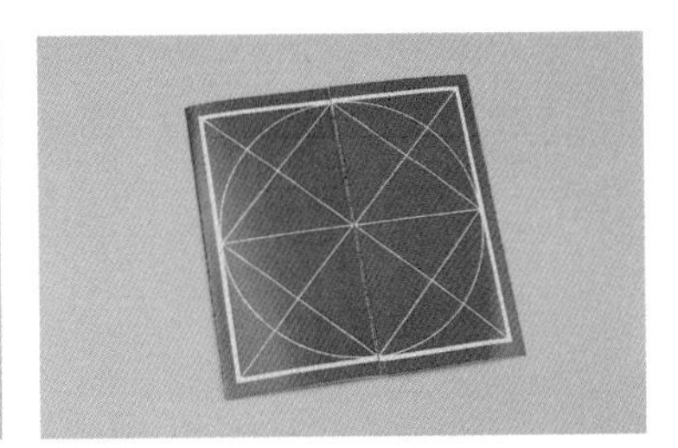
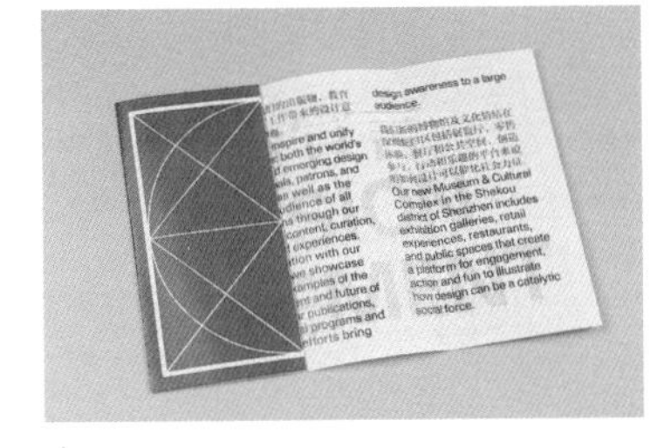

图 4-28　设计互联的广宣用品

图 4-29　设计互联活动现场

2. 设计过程

①用电脑进行设计。包括正反面单页（图4-30）。

②打样实物小样版本（图4-31），用于检查文字图像内容是否正确，结构设计有没有误差。

③实物小样折叠试验（图4-32），用于检查折叠后的翻页效果、折叠页面的倒顺与阅读顺序关系。

图 4-30　电脑设计图

图 4-31　打印的实物小样

图 4-32　实物小样折叠试验

3. 成品效果

整体用标准色对版面进行区分，将折页尺寸、厚度设计到了极致。

这份折页折叠起来是一本比巴掌略大的小书（图4-33），由于折叠页数足够多，厚度足，小书的形状和手感都不错。红色封面和灰色封面的风琴折部分，设计成横版纵向翻阅，两个色系区分清晰，阅读视线流畅。整张完全展开后，背面设计成单张全幅海报形式（图4-34）。整体来说，这个设计充分利用了折页的优点，折叠尺寸适合翻阅与收藏，完全展开后的大幅海报便于张贴宣传（4-35）。兼顾了广告传递与张贴的双重需求。

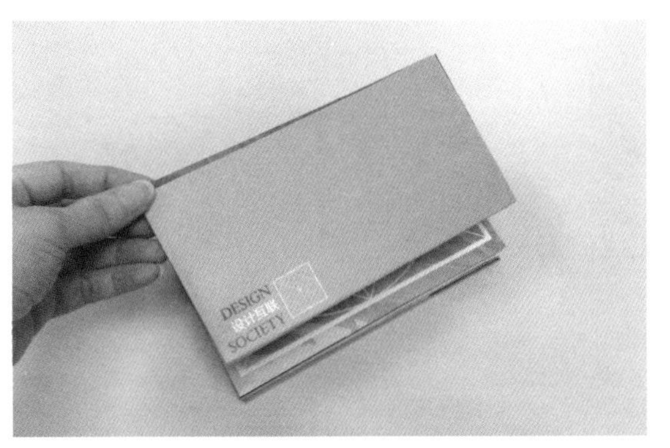

图 4-33　折页未打开状态

像一本封面封底分别为红色和灰色的书。红灰两色来源于 Logo 标准色

图 4-34　折页逐步打开状态（一）

打开方式类似经折装，从红色灰色两个方向都可以打开阅读。两色内容各不相同，均按从上往下的视觉流程设计。由于经过折叠，页面尺寸比较适合手持阅读，这两面可以放置大信息量的文字内容

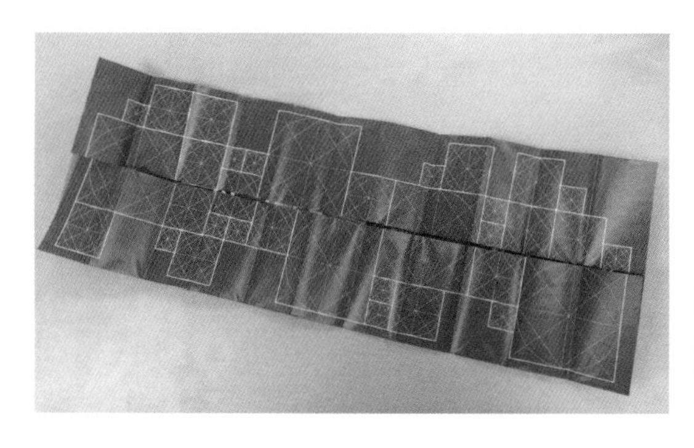

图 4-34 折页逐步打开状态（二）

红灰两色内容都阅读完之后，长条状折页可以从中打开。这一面没有文字，只有设计互联的 Logo 图形。经过了前面两个页面大信息量的轰炸后，这里用留白，给视觉留出透气的空间

图 4-35 折页完全展开张贴效果

背面是一幅接近全开的大海报，方便张贴使用

二、折页设计创意

折页是使用单张版面，通过折叠的方式产生多个折叠面，自然形成页面分区，翻页时页面连贯，视觉流畅，一般不需要装订。由于单个页面不需切割，因此折页保留了大幅版面，可以展开，具有小页面、大幅面共存的特点。设计中可以充分利用折页的此种大、小页面共存特点，进行不同的页面视觉功能分配。另外，不同的折叠方式，会产生很多有趣的阅读、翻页、开启、合拢、展示形式，对一件广告宣传品来说，这些都是必不可少的设计环节。可以好好利用折页所具有的这些特色，设计出形式新颖的作品。

1. 设计要求

折页属于广告宣传用品，核心作用是对品牌、产品、活动等商业事物和行为进行广而告之。考虑到广告效果，折页的设计要求如下：

①折叠后的成品尺寸不能过大，过大不利于传递和收纳，有可能就被获得者随意丢弃。

②开启、翻页等翻阅方式要符合常规阅读习惯，不能让折页翻阅者不知从何处看起。

③版面信息设计要符合视觉流程顺序，内容安排符合逻辑。

④版面信息完整，一般含广告信息、广告目的、具体内容、广告主联系方式等。

2. 创意原则

在设计时必须明确这份折页的主要广告目的是什么。品牌推广、品牌提升、产品品类介绍、某一件或者某一系列产品推介、活动等广告行为都有可能需要设计相关折页，这些不同的广告诉求，体现到折页设计上侧重点都各不相同。设计师在设计时必须聚焦功能目标，避免折页广告目的不明确。

折页每个页面是一个独立的内容，几个页面合在一起又构成一个整体内容，因此在设计时要考虑多个版面之间的相互关系。

（1）信息层级清晰

折页版面在展开时会有好几个页面同时进入视线，我们看到的是整个版面而不是单个页面。在设计时一定要先设计好展开页面状态的整体层级关系，再进行单个页面的设计，保持信息内容层级统一、条理清晰，强弱得当（图4-36）。

图 4-36　瑞典打击乐器演奏会折页

使用最简洁的文字进行设计，层级关系严格保持一致，页面之间增加边空形成页面分隔，各个版面详细介绍了乐器与演奏信息，条理清晰

页面顺序关系决定了信息出现顺序，封面封底位置、哪个方向开启、页面之间的连接顺序等，都要依据折页形式进行设计，这在草图阶段就要设计好，切不可脱离折叠方式想当然去做（图4-37）。

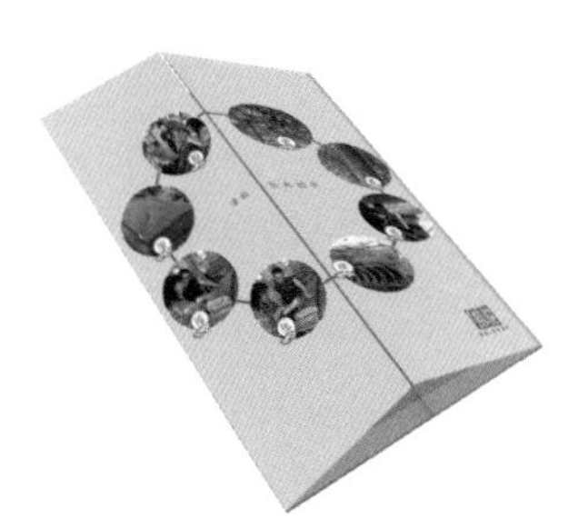

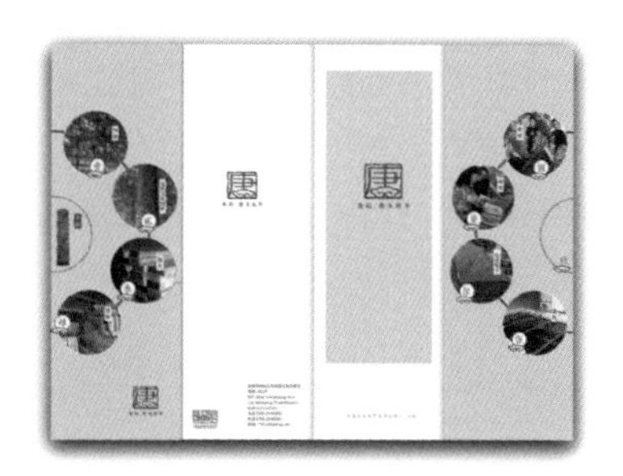

图 4-37　唐韵．整木挖筝产品折页

客户：沙里金古筝艺术研究中心

设计：宋海燕

（2）贴合广告需求

折页设计没有名片那么标准的尺寸规范。在设计时，外轮廓形状（图4-38）、翻页顺序、材料特性（图4-39）、使用功能等（图4-40）都可以根据广告需求进行针对性的创意设计，使整个作品跟广告诉求紧密贴合，还要具有新鲜感。

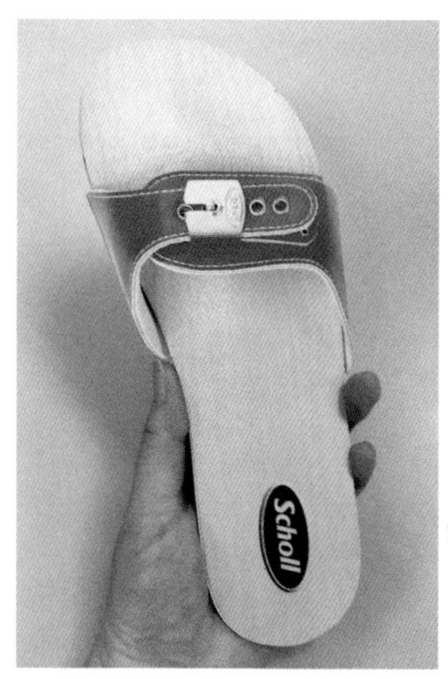

图 4-38　英国爽健 Scholl 健康鞋履系列产品目录折页

采用爽健 Scholl 品牌最著名的木屐外形，品牌及产品特点表达得非常直观

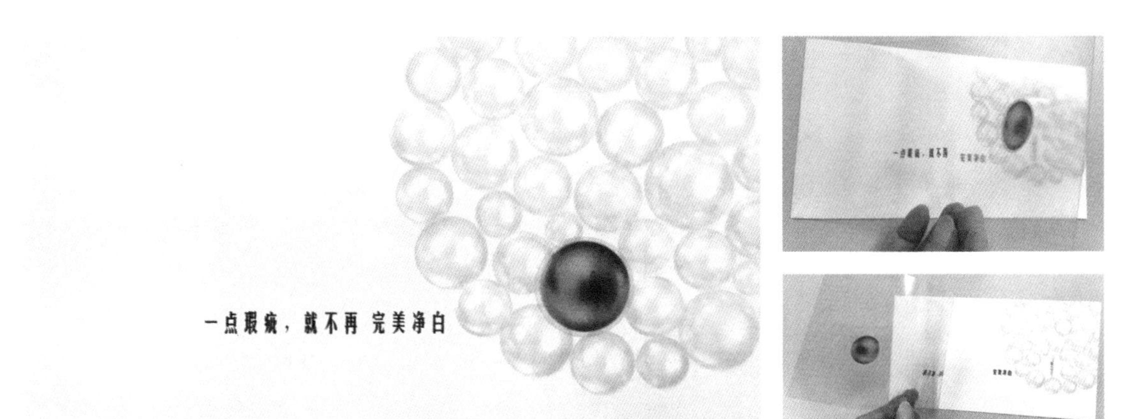

图 4-39　玉兰油净白祛斑面霜宣传折页

印在透明胶片上的黑珍珠，翻动之间，祛斑效果直观明了

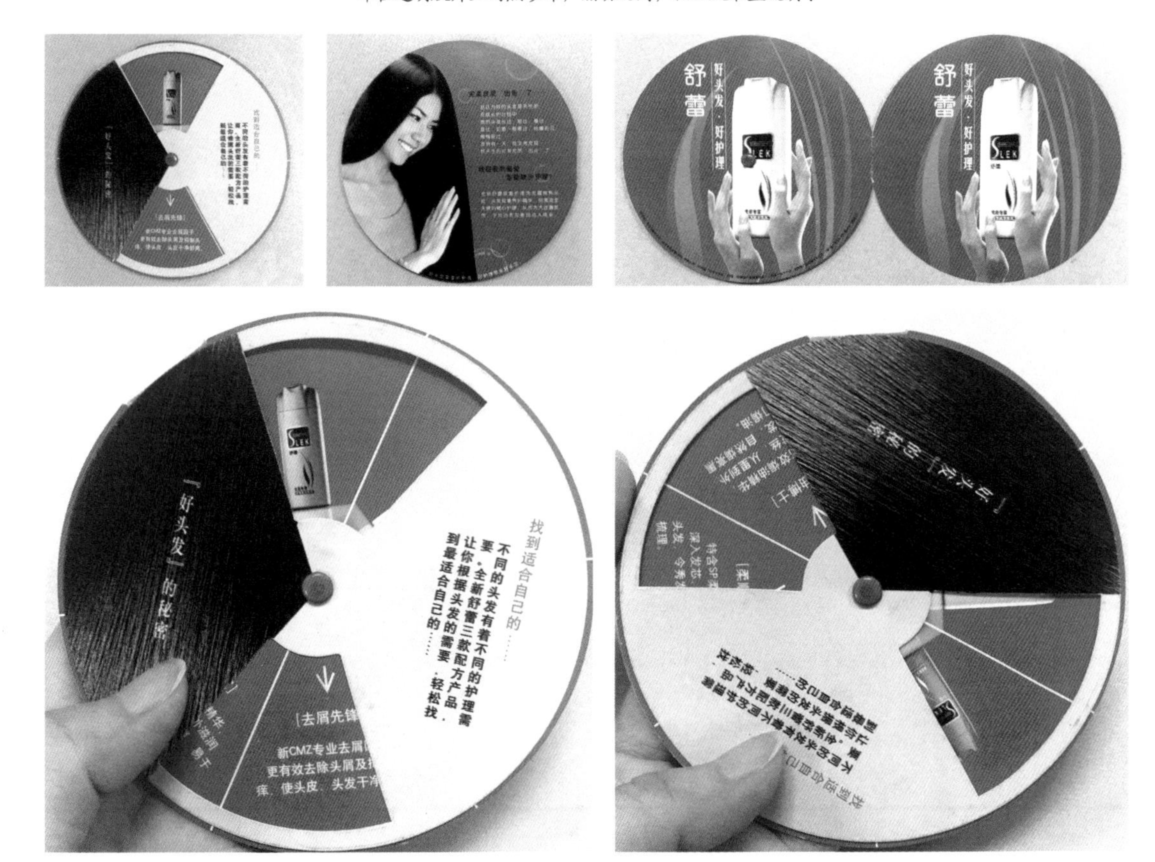

图 4-40　舒蕾系列洗发水——好头发的秘密折页

折页通过教消费者根据自身发质选择合适的洗发水来进行自己不同品种洗发水的介绍

封面是双层结构，模切开窗的转盘用圆钉固定于封面圆心，可以旋转，转动过程中出现各类发质与洗发水的对应关系

（3）可持续使用

折页具有强大的广告宣传功能，大多折页上都会同时出现企业信息和产品或者活动信息。企业信息一般持续不变，但产品和活动等具有时效性的信息会经常改变。在设计折页时考虑到成本及折页的可持续使用，可以设计成带插页等可更换内容形式。

例 深圳第26届世界大学生夏季运动会吉祥物发布仪式暨第二届大运文化节开幕晚会/门票折页（图4-41）。

该折页需要同时兼顾门票、晚会节目单、大运吉祥物宣传、大运文化节宣传四大功能。因此采用了插页设计，将门票（图4-42）、节目单、文化节活动三个时效性较强的内容设计成三张单页，利用折页中间页面底部的向上翻折的半圆形形成一个插袋，插入三张单页（图4-43）。单页可以看过即弃，不影响主体折页的阅读与保存。

图4-41　整体外观

折页左侧圆形封面与右侧插口、圆形图案装饰浑然天成，互相呼应

图4-42　门票

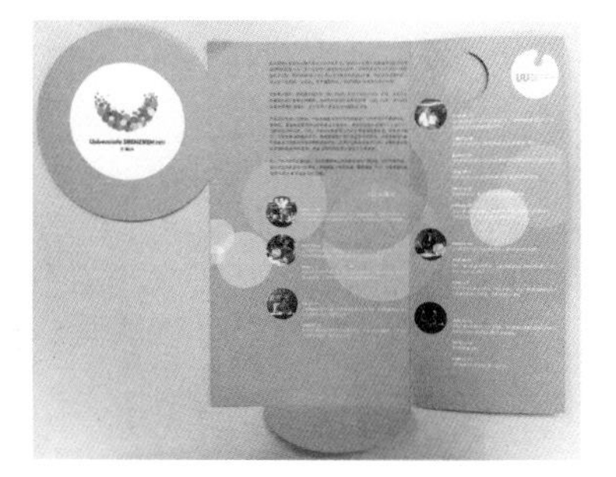

图4-43　底部半圆向上翻折形成插袋

注意，中间页面和右侧页面宽度不同，右侧页面合过去时会露出一部分中间页面（红框）。在设计时注意这个部位的文字留白和图形延伸，使得折页合上时封面处的视觉是完整的，不会有不完整的文字露出（图4-44）。

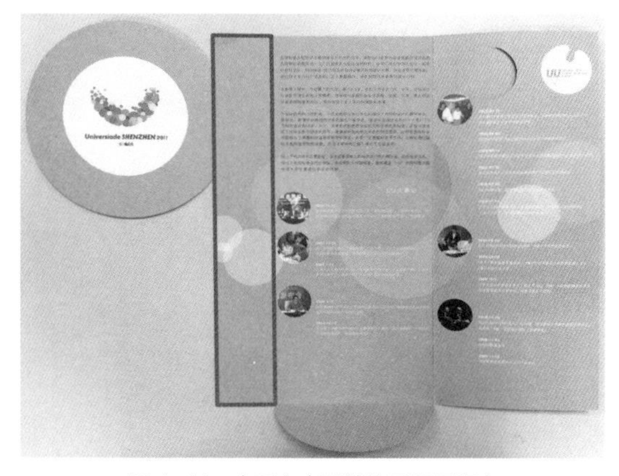

图4-44　内页文字因结构需要而留白

三、折页结构

折页我们常常可以把它看作是小册子，因为它也有多页面。因此，折页结构可以从如何将单张纸变成多页面来进行考虑。同小册子一样，折页也有封面、封底、内页。常见的折页分为折叠结构和综合结构两种形式。

1. 折叠结构

要在一张纸上形成不同页面，就涉及折叠。这是最常见也最符合折页设计特征的结构方式。折页的最终呈现形式多种多样，但究其所以，不外乎由以下几种常见折叠方式变化而成。

（1）翻身折（也叫风琴折）

页面逐页正反向折叠，是折页中最常见的折叠形式（图4-45）。该种折法应用广泛，对页面多寡要求不高，许多经书都用这种折法。缺点是页面之间没有束缚，容易散开（图4-46）。

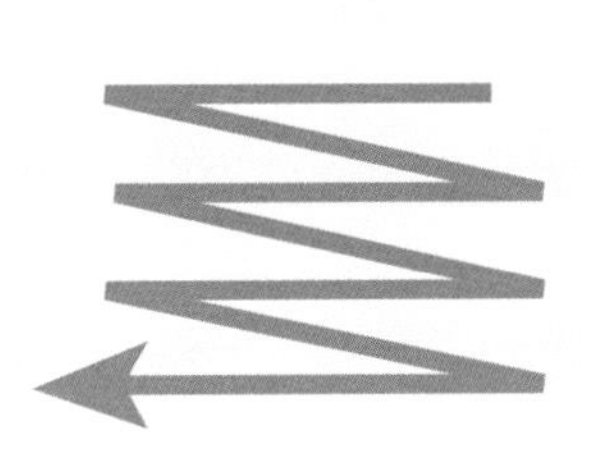

图 4-45　翻身折

图 4-46　美思工房厨具产品折页

（2）包心折（也叫垂直折）

页面依次向内折，所以页面宽度由外向内必须逐渐减少以便于折叠（图4-47）。优点是多个页面层层包裹，不容易散开（图4-48）。缺点是不适合太多的页面，页面太多，处于内部的页面会因为宽度逐页减少而变得太窄，不利于设计页面的统一。

图 4-47　包心折

图 4-48　民生银行贵宾服务折页

（3）对门折

页面一般是左右对称的，方法是将两个或更多的页面从相对的两个方向同时向中心折进去（图4-49）。类似于两个方向相对的包心折（图4-50）。

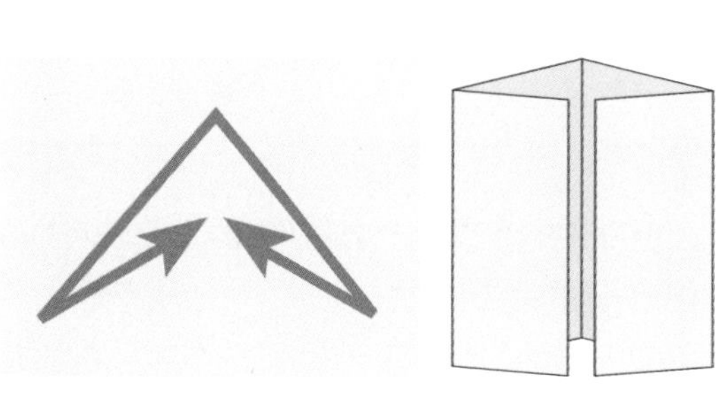

图 4-49　对门折

图 4-50　碧欧泉清润系列买赠活动折页

（4）手帕折

像叠手帕那样，纵向横向分别对折，将正反面分成共8个页面（图4-51）。实际使用时注意选用的纸张不能太厚，以免折叠到里面的部分折不下去或者太皱（图4-52）。

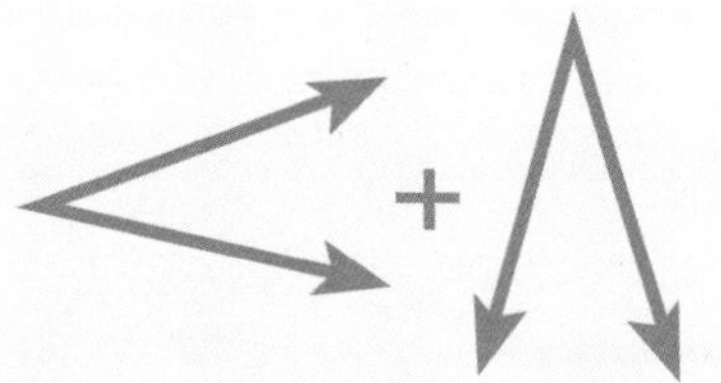
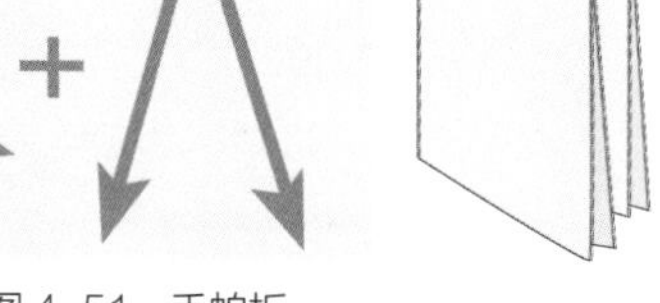

图 4-51　手帕折

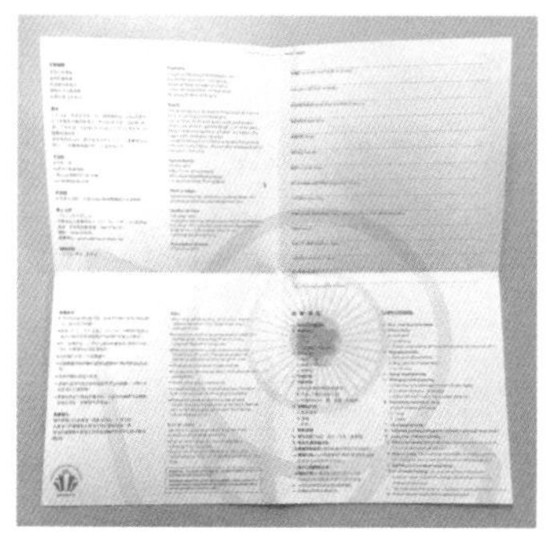
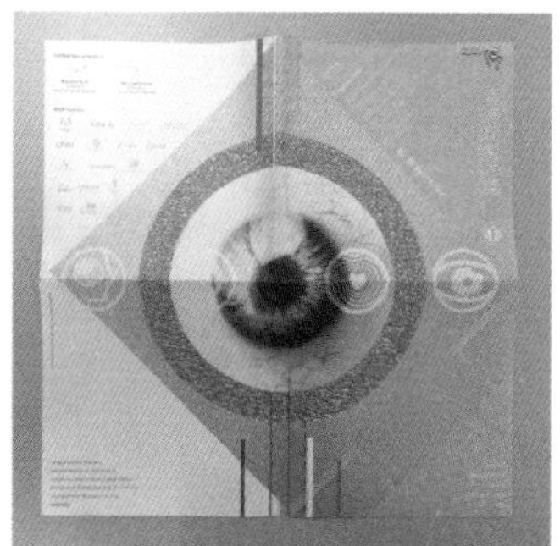

图 4-52　第十四届香港印制大奖作品征集折页

（5）花瓣折（也叫向心折）

先确定中心页面，一般为正多边形，比如正四边形、正五边形、正六边形等，每边都可以延伸出一个与中心页面成向心关系的页面，周边页面都向中心按相交线折叠（图4-53）。周边相邻页面之间一页压一页，最后一页压下并插入第一页底部形成闭环将所有页面锁死。折页内部的这种闭锁空间，可以放置插页类的单页或新产品试用装等（图4-54）。

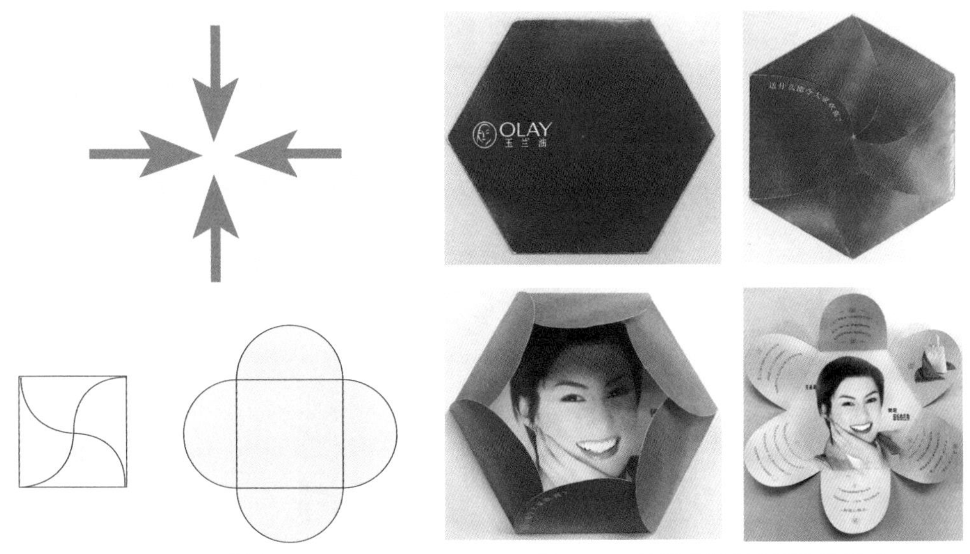

图 4-53　花瓣折　　　　图 4-54　玉兰油专柜节日买赠活动折页

2. 综合结构

除了折叠，折页也会用到装订、粘贴等加工方式完成结构。这类往往是设计比较独特复杂的作品，加工成本也会相应增加。最常见的有如下几种：

（1）骑马订

用骑马订书机，在配好的页面折叠棱线上用两个铁丝扣订牢成为一册（图4-55）。

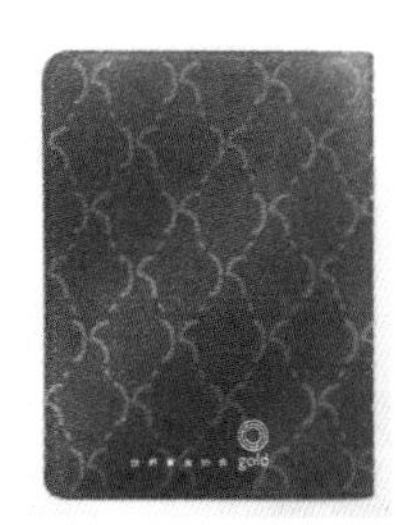

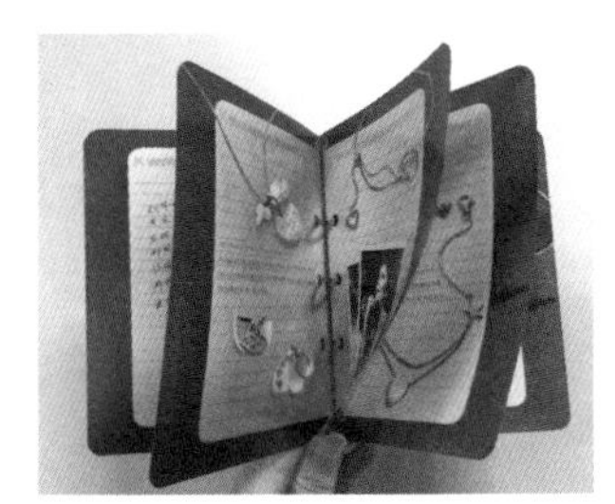

图 4-55　K-gold 饰品宣传折页

整体做成皮面笔记本形式，三张单张在折叠处用骑马订订联。圆角采用模切

（2）粘贴

用胶水等黏性介质将不同材质页面粘贴起来，多需要手工制作，一般适用于复杂高档的设计（图4-56）。

（3）模切

包括了开窗、模切外轮廓等加工手段，使得折页呈现出有别于矩形的特殊外观（图4-57）。一般要制作模切板，借助注塑机加工完成。设计时要注意相邻页面连接处长短，连接部位太短，容易翻页时断裂。

（4）综合加工

订、粘、模切等多种加工手段以及非常规材质的综合使用。装订配合单独页面模切时，要根据不同的设计效果决定装订和模切的先后顺序（图4-58）。粘贴工艺在折页上一般都局部使用，需要手工加工（图4-49）。

图 4-56　京基地产红树东方二期楼书

设计成奏折的样式，封面封底采用手工制作完成后粘贴到内页上。厚重精致的手感传达楼盘的尊贵

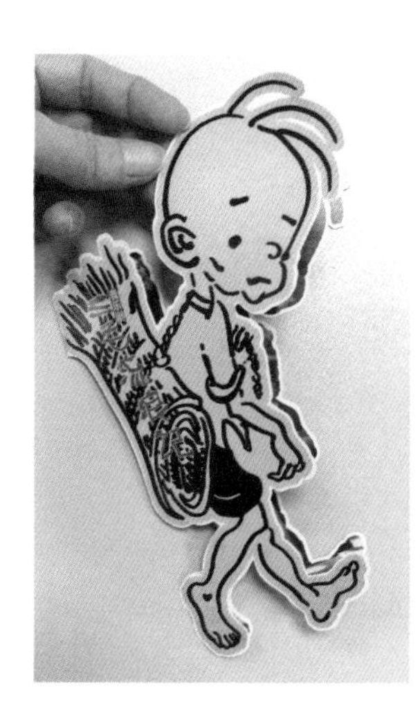

图 4-57　三毛流浪记音乐剧折页

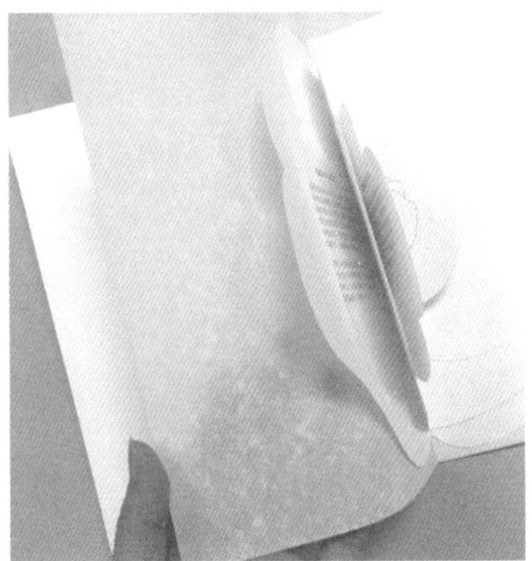

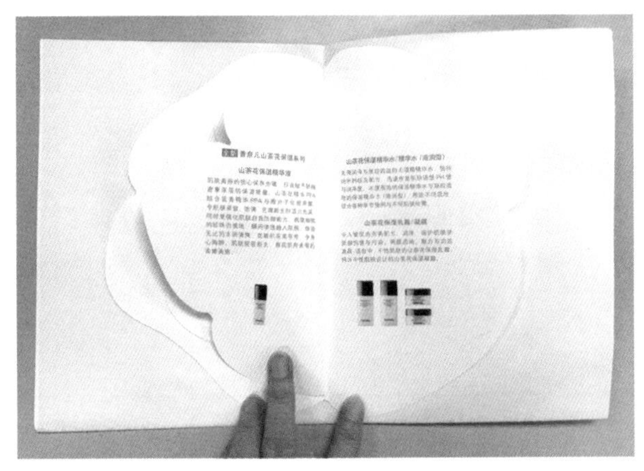

图 4-58　香奈儿山茶花保湿系列产品折页

层叠的花瓣需要先将每一页单独模切，再配页装订。骑马钉装订使得页面打开能形成一朵山茶花。扉页采用半透明丝绒质感特种纸

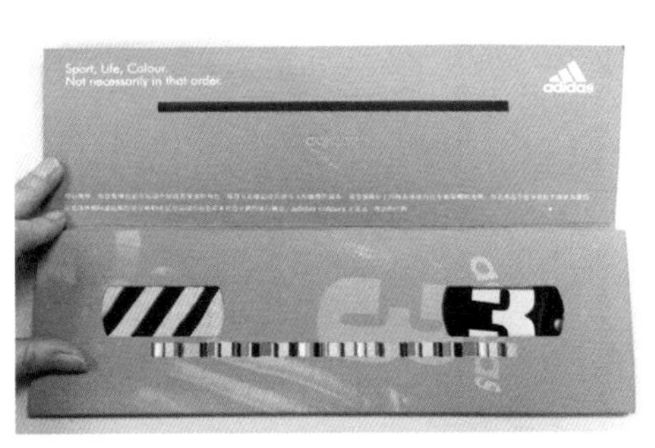

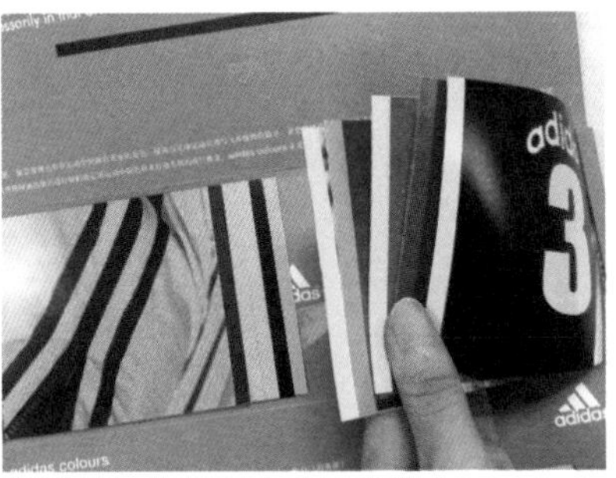

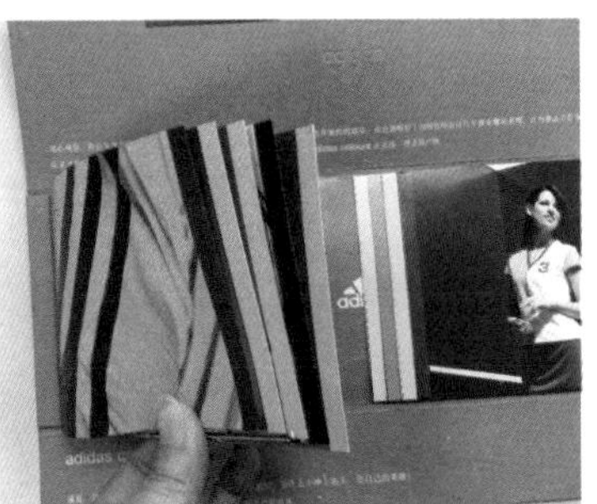

图 4-59　阿迪达斯产品折页

打开两层模切开窗封面，逐步露出内部彩色。左右对开的橙、绿色系彩页通过粘贴固定于封底两侧，两组页面都是从下往上一层层渐次缩小，露出来的色条正好构成品牌标志三条杠图形。这个折页的粘贴部分需要准确控制面积和位置，不然小页面不易翻动

四、折页信息设计

1. 封面封底

折页跟小手册、书刊一样，必须有封面封底。区别在于折页的封面封底未必是连在一起的，也未必只是单独的页面（图4-60）。

图4-60　宝峰印刷集团周年庆典折页

折页的封面效果实际是由三个页面共同构成的

2. 阅读顺序

与书籍基本固定的阅读顺序不同，折页阅读顺序并不固定。封面封底位置、折叠方向、翻页方向和先后都会影响阅读顺序。当多个页面同时出现时须当成一个整体进行设计；相邻的两个页面在折页中并不是依次顺序出现。阅读顺序往往取决于折页的结构，由于折页结构较多样化，因此提倡在设计时必须先做好草案，并按草案进行小样制作，小样供模拟使用，直到各个结构、顺序都准确无误后才可以进行正式的设计（图4-61）。

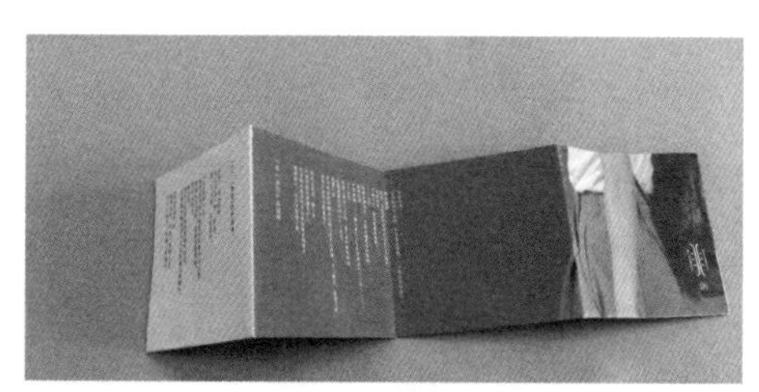
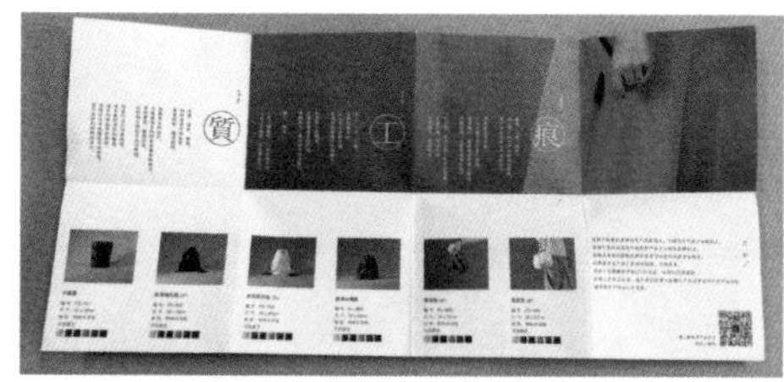
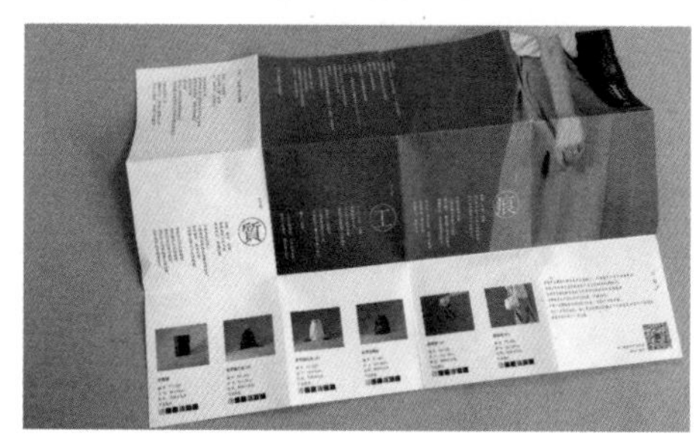
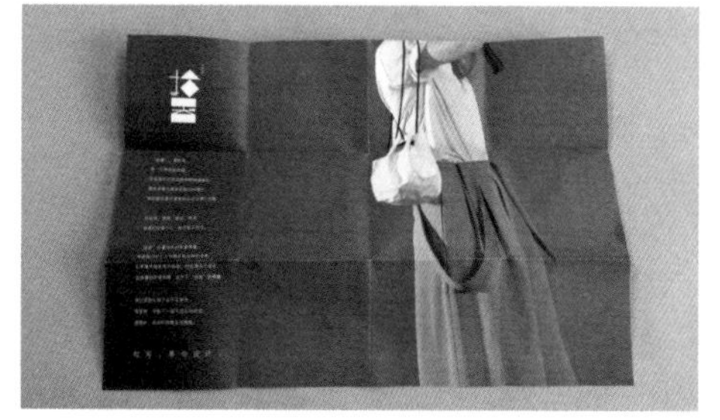

图4-61　“拾器”品牌“非”系列产品折页

折页采用了纵横各三折的风琴折。按先左右再上下顺序打开，背面是品牌形象招贴
设计：陈琪莎、郭绮雯

从折页成品反推页面顺序布局，可以看出安排页面时，阅读顺序并不是只有一个方向，这点与书刊有很大不同。因此在正式设计之前一定要出实物草样并排好页面顺序。数字相同的页面，是在翻阅时同时出现的页面。设计时要考虑折叠的方向性，避免页面中心部位反折向外磨损，导致页面内容看不清（图4-62）。

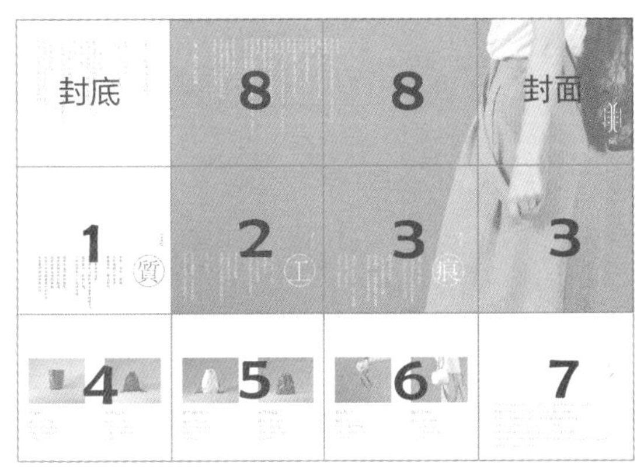

图 4-62　折页阅读顺序安排

3. 其他视觉信息

文字、图片、色彩、段落层级关系，页面主次等等均在相关章节详细讲解，要求与所有版面设计作品一致。

五、折页设计流程

第1步 · 确定成品尺寸和结构（折叠、装订、特殊结构、特殊材料等）。

第2步 · 画结构草图，并做手工白纸样检验结构是否合理。

第3步 · 根据确定好的手工白纸样画折页展开图，并根据结构安排封面封底内页位置。

第4步 · 准备设计所需元素（大标题、二级标题、标志、图形、文字信息、公司信息等）。

第5步 · 信息内容排版设计。

第6步 · 检查文字、图形图片等。

第7步 · 发给客户确定。

第8步 · 修改。

第9步 · 做输出文件。

第10步 · 发给制作公司。

第11步 · 验收，提交给客户。项目完成。

六、折页设计欣赏

1. 斯利普十元店开业邀请函折页

设计成东南西北（Paper Fortune）游戏形式，非常接地气，并且暗含财富、幸运意味（图4-63）。

图 4-63　脱胎于传统游戏形式的折页

2. 本来便利 APP 褚橙系列卡券折页

一套7张的提货卡和储值卡设计成可撕开的折页形式，方便一张张单独使用（图4-64）。用信封收纳防止丢失。生鲜配送快速才够吸引人，因此用橙和钟形象结合设计了封口贴，体现最晚两小时送达的服务承诺。内部版面选用橙元素插画配上各种网感文案。单张卡尺寸比明信片略小，方便携带，不易丢失。

图 4-64　本来便利 APP 褚橙系列卡券折页

3. 首届国际左手右脑峰会宣传折页

特殊设计的折叠结构，使得折页打开时具有万花筒一般的旋转开放效果，非常有趣（图4-65）。

学生作品

- 设计：徐宽伟
- 指导：陈琪莎

图 4-65 首届国际左手右脑峰会宣传折页

4. 帕先森手帕品牌宣传折页

风琴折、包心折综合重复使用，构成了一个看似复杂、实则简单的折页小品（图4-66）。使用品牌标准色统一整体。注意封面封底文字图形拼接构成，在制作时容易折叠对位不准，设计师时应留好错位余量，需要反复实物打样实验才能确定。

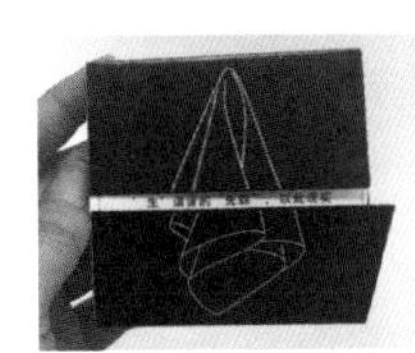

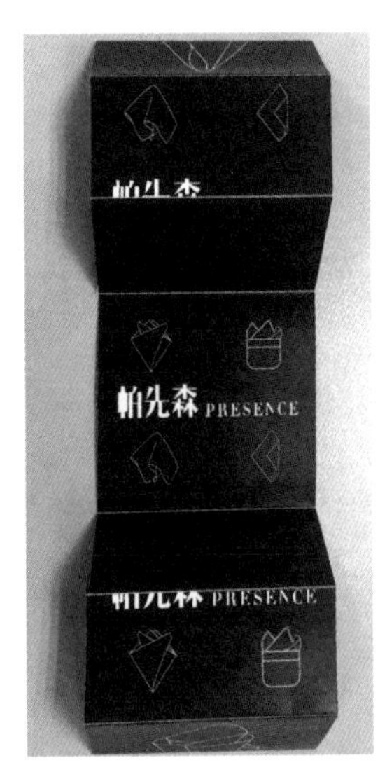

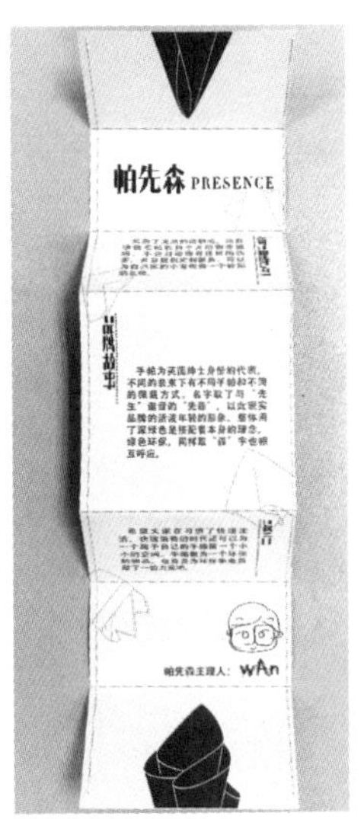

学生作品

- 设计：万旖琦
- 指导：陈琪莎

图 4-66 帕先森手帕品牌宣传折页

5. VIVO X9 手机宣传折页

斜向的折叠，将页面分割成许多不规则形状，这类折页要注意文字的排版和封面拼插结构对画面的影响（图4-67）。

学生作品

- 设计：欧阳晓君
- 指导：陈琪莎

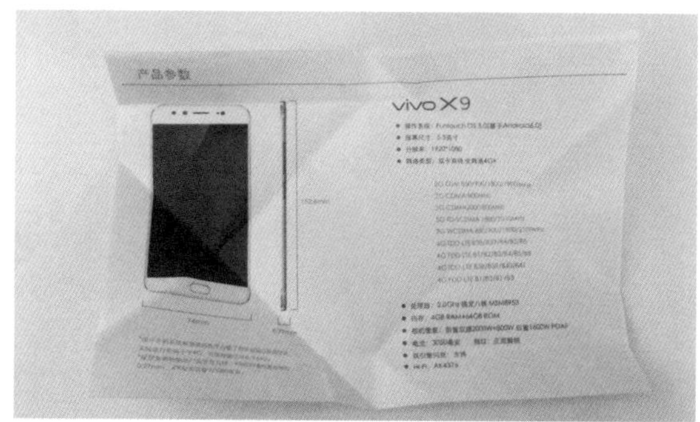

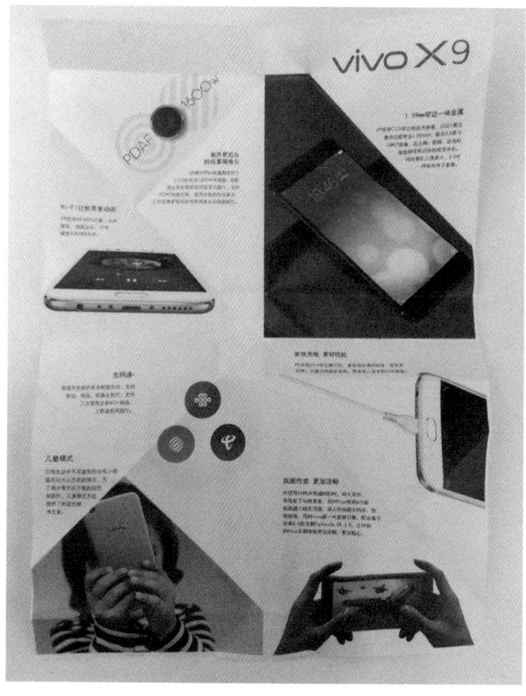

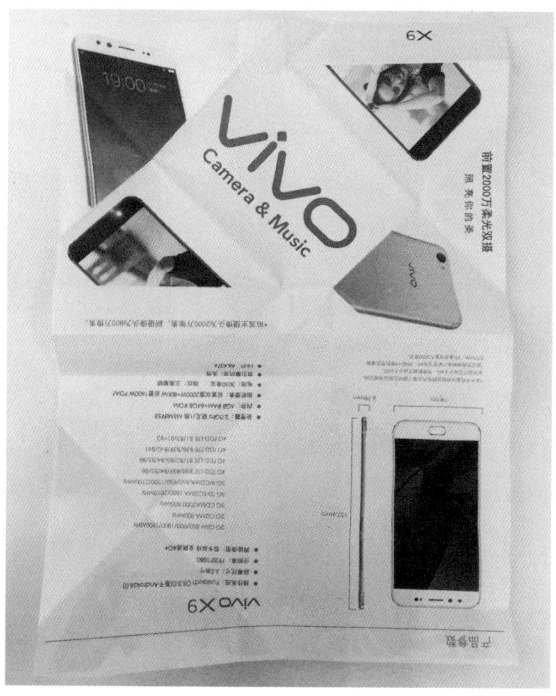

图 4-67　VIVO X9 手机宣传折页

第三节
书籍

一、书籍案例分析

1. 基本情况

书籍名称：《订单·方圆故事》（图4-68）

书籍作者：吕重华（图4-69）。

设计机构：西安零一工坊

设 计 师：李瑾

获　　奖：2015年度被评为“中国最美图书”

2016年度获世界最美图书金奖

2017年度获德国红点设计奖

出　　版：广西美术出版社

开　　本：12开

出版时间：2015年11月

印　　刷：北京雅昌艺术印刷有限公司

装　　订：北京奥美彩色印务有限公司

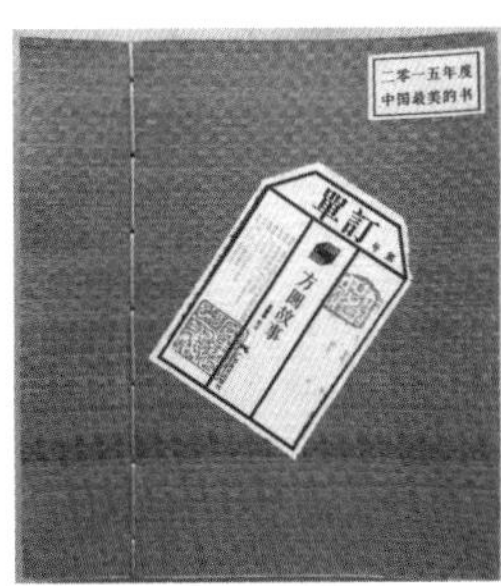

图4-68　封面

书籍封面随机贴不同的标签，书皮是书刊运输时常用的编织防潮包装纸，文字内容做成物流发货时随意贴上的贴签形式

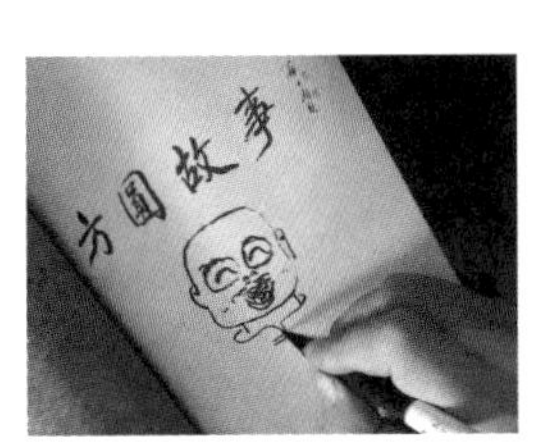

图4-69　作者自画像

作者签名时直接将自画像手绘在扉页上

2. 策划背景

为了应对出版社业务员的变动，也为吸引出版社业务员注意增加辨识度，作者在自己的书店运营业务往来过程中，在每张公文和订单上签名时都加画一个自画像，10多年间积累有万份之多，这些自画像虽不算专业漫画，但方圆工艺美术社的订单已是美术出版圈颇具影响的特色订单了，在“美联集团”里小有名气。

2010年元月，北京图书订货会上，当时的广西美术出版社副社长邀请作者吕重华老师用他的订单做一本书。他认为这些订单太有特点了，数量又多，很快就能做出一本书，但作者考虑到这样的书会因内容单薄而缺少内涵，就想把它产生的环境、人物、缘由都一并策划到书里，做成店、家和自己的一部自传。书中应该有叙述书店的历史过程、家里每个成员的故事，还有别人眼中的书店、做书店的逸事趣闻、对出版发行的认识、做书店的感受等。

3. 内容简介

2011年春开始构思图书的内容，2012年文字初稿形成，2013年把稿件整理齐全。2013年10月文字稿完成，2014年5月文字稿修订完成。2015年增加了“别人画我”这个章节，以增加趣味性。

全书记录了西安最早的个体美术书店——方圆工艺美术社30多年的发展历程，以方圆工艺美术社30年里业务往来的公文和订单为主线，串联起了书店的历史、家人的故事、别人眼中的作者以及书店的逸闻趣事，类似于作者、书店以及家人的一部自传。书背里每一页上都有一幅作者的漫画风格自画像，透露出具有浓厚的手工书气息和深厚的人文情怀。

4. 设计与制作

（1）整体装帧设计

2013年，设计师李瑾开始着手设计，2013年10月文字稿完成后，设计师拿出6种具体方案，并且都做了样本，但都不满意，尤其是订单自画像这块，千余张订单放在一起，怎么排都难免出现单调重复视觉疲劳的问题。2013年12月全部推翻重来，选定了线装，及线装书背部分切方案。分切出来的部分全部放置正文放不下的订单自画像，成为正文自画像的补充（图4-70）。这样既充分反映了自画像的数量多，又增加了趣味性，书的形式也别开生面。

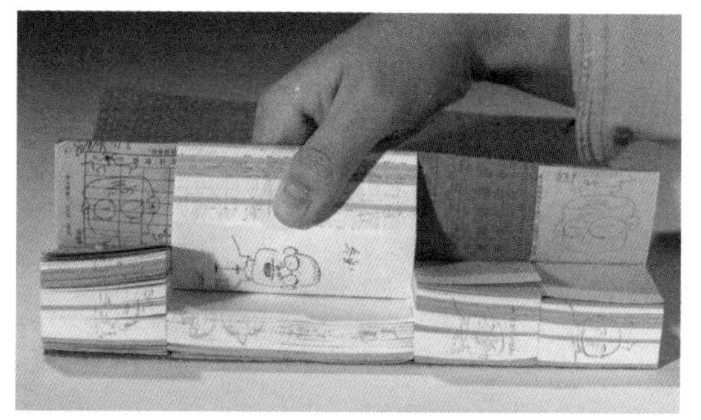

图4-70 开放式书背

书背部分横切了3刀，整条书背齐装订线处自上而下分成四个部分，全部是作者的自画像，单面印刷，可以作为四本小册子逐页翻阅。快速翻页时人像的极速切换好像是在飞快变换脸部表情，非常有趣。当然这也给书籍的装订带来了很大的挑战

封面材料选用了书刊发货运输过程中最常用的耐撕防水编织包装纸，这种纸很便宜，但作为封面来说又必须考虑手感和视觉效果，必须选用质量好的。为找这种纸，设计师和作者不知翻找了多少纸张市场，最后还是在西安一家出版社库房找到了能用的库存。书名就设计成物流发货时随意贴上的标签，最终成书的有6种形式的封面贴签，每本书随机贴签，这样这本书至少会有6种不同版本的书封（图4-71）。

书芯页面有一部分选用了新闻纸，也就是常见的印报纸的纸张。这是一种再生纸，本身是未经漂白的灰色，不同批次和生产厂家的产品颜色会有所不同。为了找到最合适的灰色，设计师和作者也是拿着印出来的样张到处比对选纸，精益

求精。最终成书内页使用了2种不同颜色的新闻纸（图4-72）。

书芯每一页都做成传统线装书正反面连页的筒子页形式（图4-73）。特别之处还在于筒子页的内部是有内容的，基本都是一些与外部文字内容相关的照片等辅助信息，读者可以裁开每一页细细阅读，不裁开的话对整本书的内容完整性并没有什么影响（图4-74）。内部的内容淡淡透叠到背面，比直接淡印色印在外面更有意味（图4-75），体现了纸材的美感。这种设计让整本书充满了趣味性和可读性，受众翻阅起来兴致盎然。

图 4-71　6 种不同版本的封面贴签

图 4-72　2 种颜色新闻纸内页

图 4-73　书芯筒子页

新闻纸质地薄软，对折后增加了硬挺度，提升翻阅舒适度

图 4-74　筒子页内部内容

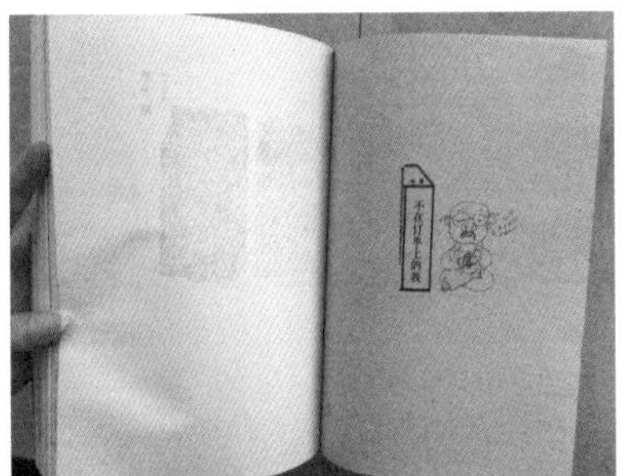

图 4-75　内部印刷内容背透效果

“如是我画”部分的篇章页背面，运用了透印效果，书页不裁开，作者收藏的秦砖汉瓦拓片，透出来清清淡淡的，比原本深黑色效果更具古意

（2）内页版面设计

扉页要裁开才能完整呈现，大片留白可供书写。这本作者签名版上，被作者画上了自画像，自画像及印章同样被透印到背面，翻看的时候别有趣味（图4-76）。后面还有一些书页也运用了这样的透印效果，不裁开，淡淡的效果更好看，这是线装书筒子页在现代审美与技术条件结合中所产生的设计拓展。

扉页后小页面设计，制造一点点意外（图4-77）。文字、图像、大小组合、留白方式，红色印章的点缀体现了中式的美感。

全书前三章，用黄色的篇章页区分，给通篇灰白色的书籍提供一点亮色（图4-78）。

只有第四章篇章页是白色，刻意设计得跟前三章不同，是为了体现这一章内容的特殊性（图4-79）。这一章所有页面都是单页纸，页面略窄。

版权页与封底。延续全书风格，有作者手绘图和订单贴签（图4-80）。

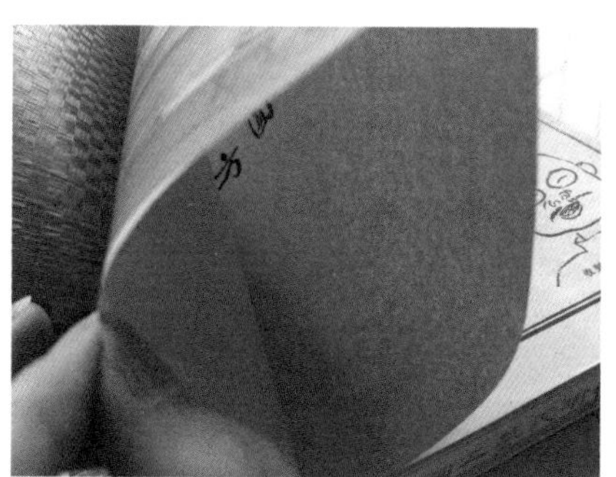

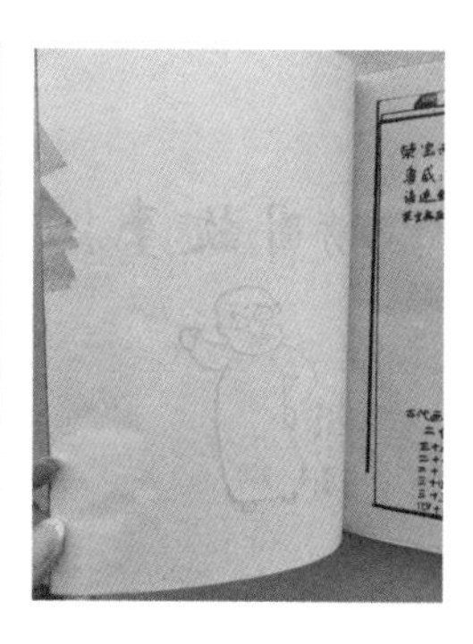

图 4-76　扉页

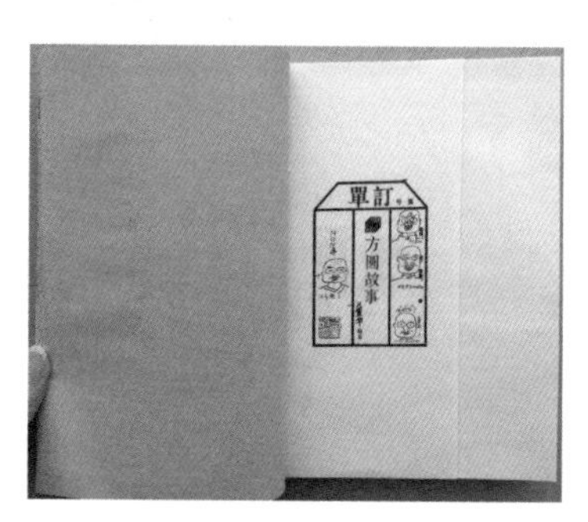

图 4-77　扉页后小页面

图 4-78　黄色的篇章页

图 4-79　特殊章节的篇章页

这一章里全是本书作者的同学和朋友们拍摄或者绘画的作者的像。略小的页面充满了趣味性和精致的设计感

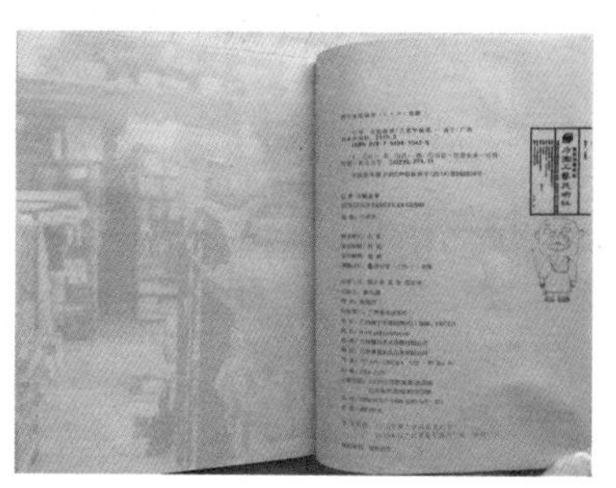

图 4-80　版权页与封底

整本书在设计上通过书籍特殊的装订方式以及柔软的纸张触感统一起来，在整体之中刻意安排了微妙的纸张颜色变化、页面宽窄的变化、封面与内页材质的对比，加上被每个对折页隐藏起来必须裁开才能得见真容的内页，使得全书在统一中还充满了各种独具匠心的小心机，大大提升了整本书的可读性以及阅读时的用户体验感和参与感，这是现今实体书籍相比数字阅读来说比较欠缺的一部分，《订单 · 方圆故事》给我们提供了这么一种实验性的设计思路和思维方式。

（3）书籍加工制作

复杂的版式和装帧设计，必须靠印刷和印后加工才能保证书籍成品效果。

《订单 · 方圆故事》图书装订制作十分复杂，除去印刷环节，仅装订就需要经过断页—打拢线—折页—模切—粘单页—配页—校检—粘封面—裁切—打捆—刷胶—二裁—打孔—穿线—切成品—盖章（字根）—贴签—成检—打包等20多道工序（图4-81），全部手工作业。

应该说这也是今后纸质出版物设计制作的一大趋势，用高端印刷和精致的手工去体现实体书之美，让读者从实际的五感中全方位地感受阅读之美，而不是通过硬质的屏幕模拟来完成。

裁切工序：每一页都需要先进行模切，再加上书背部分三条刀口，以及天头地脚的切口，书本内部的小页面，整本书的裁切就是一项大工程，极易出错

穿线工序：每本书手工穿线装订

盖章（打字跟）工序：用夹具夹紧立起来的多本书册，在切好的书背上印上各式印章。印的时候要注意每本书书背之间的区隔，不能印到书背之外

贴签工序：6种不同款式的书签，为体现自然感，全部手工裁开，保留边缘的毛边效果。贴到封面上的时候也手工操作，跟封面材质搭配起来，传达出浓浓的怀旧味道

图4-81　装订过程

5. 市场评价

2015年该书获得“中国美丽的书”称号，次年代表中国赴德国莱比锡参加2016年度的“世界最美的书”评选获得“世界最美的书”唯一金奖。第一版印刷2500本，之后多次再版，喜爱这本书的读者不计其数。甚至有人为了集齐不同封面和送人一下子买10本。

二、书籍设计原则

1. 传达性

必须能够完整、准确地传达出书籍内容，使书籍具有最佳视觉效果。这是书籍设计最基本的设计要求和创意原则。经过整体设计的书籍是信息发布的重要媒介，同时它又要让读者通过阅读产生美的遐想与共鸣，让设计师的观点与涵养能进入读者的心灵。

2. 整体性

书籍设计必须从内到外地进行整体设计，其封面、封底、护封、环衬、腰封、勒口、扉页、版权页、函套、版式、纸张、手感、重量等都要进行整体考虑，不可分割。在对材料、工艺、技术等作出选择时，必须体现适应与协调的原则；在艺术构思时，必须体现内容与形式的统一、使用价值和审美价值的统一、艺术化与内容主题内涵的统一。

3. 独特性

千篇一律的书籍是难有美感的，网络媒体迅速发展的时代，对书籍的独特性提出了新要求，数字出版物与纸质出版物相比，版面大小、阅读方式都有很大不同。我们在设计这两类书籍时都要注重艺术感、时代性、传统性、实验性、趣味性、地域性、民族性等能够体现出书籍独特审美的自身特点来。

4. 实用性

设计师要充分考虑印刷工艺、材料、印后加工、运输、翻阅、收藏等实践性特征，切忌为了设计而设计，完全不顾及其实用性和可实现性。一本翻阅方便，阅读视觉流畅，语句内容清晰得体，易于收藏的书籍才是具有实用性的。

5. 市场性

书籍需符合市场需求，针对相应的定位而设计。设计没有统一标准，设计师必须考虑市场价值，切忌为了追求档次、个人喜好等脱离市场价值的设计思路。

三、书籍结构

书籍功能性较强，设计时需考虑复杂的结构（图4-82），涉及成型、材料、工艺、视觉、触觉等各种学科，综合性很强。我们必须弄清楚各个结构及其作用才能胜任设计。

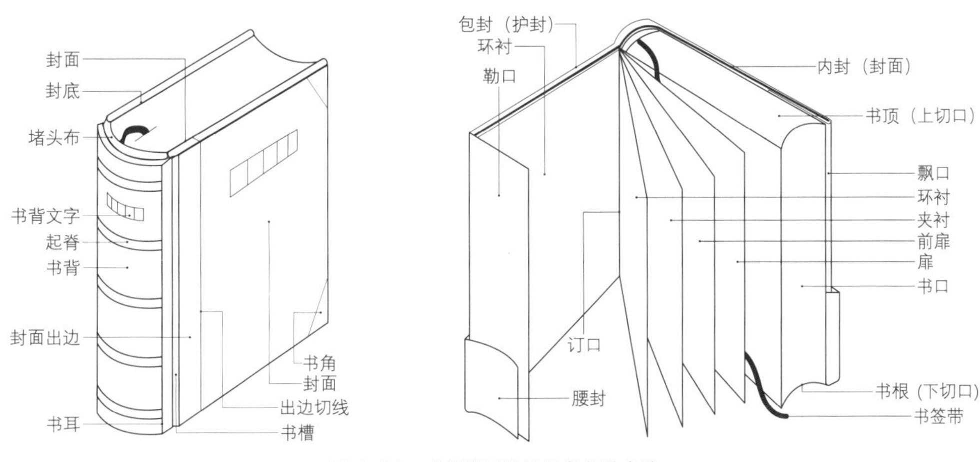

图 4-82　书籍常见结构及各部分名称

①书芯：未上封面的书册。

②封面（书皮，封皮，包括书壳）：与书芯固定连接的书本外皮。包在书芯和书名页（或环衬、插页等可选结构部件）外面起保护作用，用纸较厚，并印有装帧性图文。书籍封面一般可分为封面（前封面）、封二（封里）、封底（底封面）、封三（底封里）和书背五个部分。软质纸封面还可带有前、后勒口。

③勒口：书籍封皮的延长内折部分。前、后勒口除增加封面和封底沿口的牢度外，还有保持封面平整、挺括、不卷边的作用。

④环衬：连接书壳（或封面封底）与书芯的空白页，是把封面与书芯、主书名页连结起来的书刊结构部件，使封面和书芯牢固不脱离，可增加书刊的牢固性，也起装饰作用（图4-83）。环衬一般用纸比封面稍薄、比书芯稍厚，现在也流行使用一些彩色的纸张增加视觉跳跃感。有些书籍装订方式，可以不用环衬，比如骑马订、胶装。

⑤书壳（封壳）：一种用纸板和软质封面经加工后制成的书外

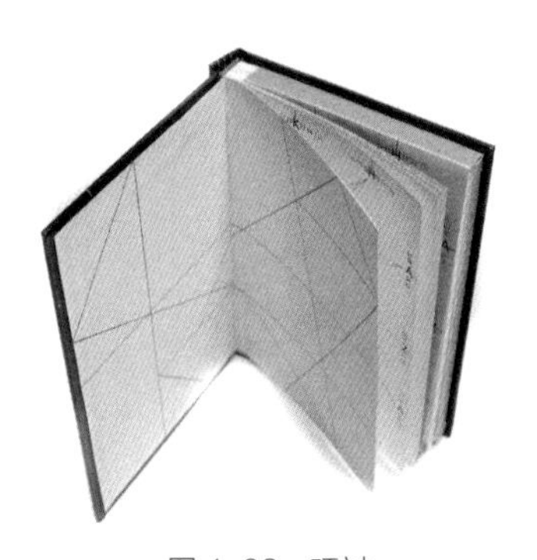
图 4-83　环衬

壳，一般用于精装书。由于质地较硬且略大于书芯，其保护书芯的作用明显超过软质纸封面。

⑥拉页：书中大于页面尺寸的折叠页（图4-84）。

⑦飘口：精装书壳超出书芯切口的部分。

⑧书背：指书芯装订好后的厚度部分或成书后与其对应的部位。

⑨书脊：书背与封一和封四连接的棱线。

⑩护封：保护书籍封面的外套。

图 4-84　拉页

四、书籍必备信息

1. 书封信息（包括书壳、书皮）

①封面应该印书名、作者名（以及译者名，下同）和出版者名，多卷书要印卷次。如果是丛书要印丛书名。翻译图书应在原作者名前注明国籍。

②书背宽度大于或等于5mm，必须印上主书名和出版者名（或出版者Logo）；若空间允许，还应加上作者名和其他内容。多卷书的书背，应印该书的总名称、分卷号和出版者名，但不列分卷名称。丛书等系列书的书背，应印本册名称和出版者名。

③封底上应有书号、条码和定价。也可将编辑、校对、设计、责任人等人员名单印上。

④图书的封二、封三可保持空白，也可以根据整体设计，设置一些文字（尤其是图书宣传文字）或装饰图案等。

⑤前、后勒口既可以保持空白，也可以放置作者或书籍相关信息，如作者肖像、简介；书籍内容提要、故事梗概、丛书目录、图书宣传文字等。

2. 扉页信息

扉页是书芯的第一页，跟书芯一块印刷，材质一致。因此扉页实际是书籍的内封。扉页一般要包含图书的书名（包括正书名、并列书名及其他书名信息）、作者和出版者的信息。作者名要用全称，翻译书应包括原作者的译名及国籍。出版者要采用全称。

3. 版权页信息

版权页一般位于扉页的背面，也有位于书芯最后一页的。它提供书籍的版权说明、在版编目数据、版本记录。版权页由于信息涉及国际及国内的出版印刷规范较多，一般信息整理及排版均由出版社完成。但作为设计师，应该在设计时有意识地了解相关内容，并在版面中将相应空白页面留出来。

4. 目录信息

目录位于正文之前，必须与正文标题一致，层级一般不超过五级，对应的页码要准确。页码标注方式应与正文标注方式一致。

5. 正文信息

①正文部分是图书主体内容（包括文字、图片、表格等）部分。

②正文的设计取决于设计师对书籍整体内容的认识，以及对风格的把握，没有固定程式。一般要考虑文字与纸张、颜色的阅读舒适度与阅读习惯；考虑文字图片不同章节之间的规律性与层级关系；考虑印刷的成本等内容。

③一般正文页码都会从“1”开始，常规从右向左翻开的书本，页码“1”一定是位于翻开书本的右边页面。

④书籍装订方式的不同，涉及正文装订位的不同，因此设计时内页版心及版面效果也会有所不同。

五、书籍诞生流程

第1步　选题组稿：选题讨论确定、组织编写、编辑跟进、审稿。

第2步　书号申请：申请书号、书号备案、制作版权页。

第3步　装帧设计：开本的选择、图书结构确定、装订样式确定、印刷工艺与材料确定。

第4步　版面设计：封面、护封、环衬、主书名页、插页、版心、文字、图片的设计。

第5步　印刷制作：打样、校样、印刷、装订、质检。

六、书籍设计欣赏

1.《用设计 构未来》（图 4-85）

香港设计委员会成立50周年纪念。沉稳的蓝金双色豪华雅致，假精装封皮，内文中英文双语竖排横排穿插，有跳跃感。

图 4-85 《用设计 构未来》

2.《局》部分页面（图 4-86）

采用手工花式线装，联播传媒出品。

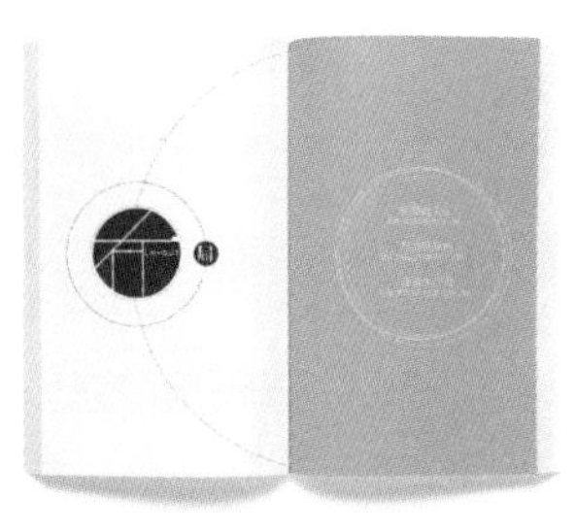

图 4-86 《局》

设计：北京形意达艺术设计有限公司

客户：联播网

3.《舍弗勒 20 周年纪念册》部分页面（图 4-87）

严谨的页面布局，恰当留白，拍摄精美的图片，高级感体现出企业的不凡实力。

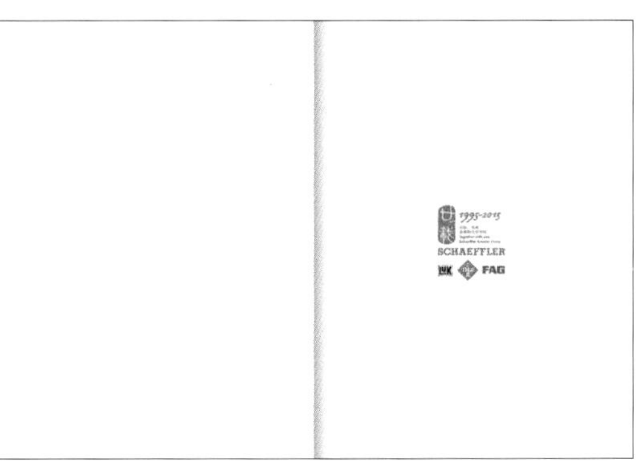

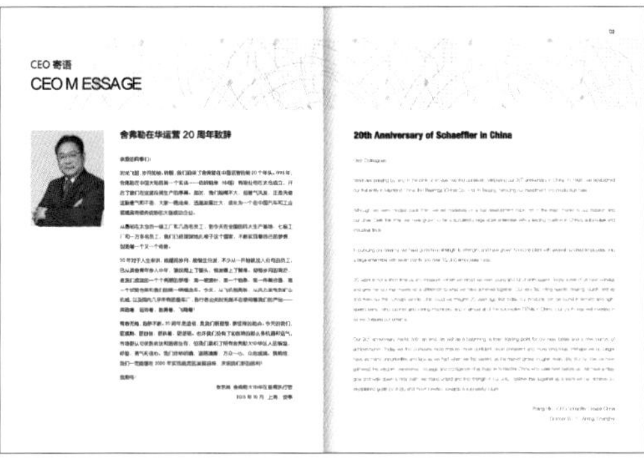

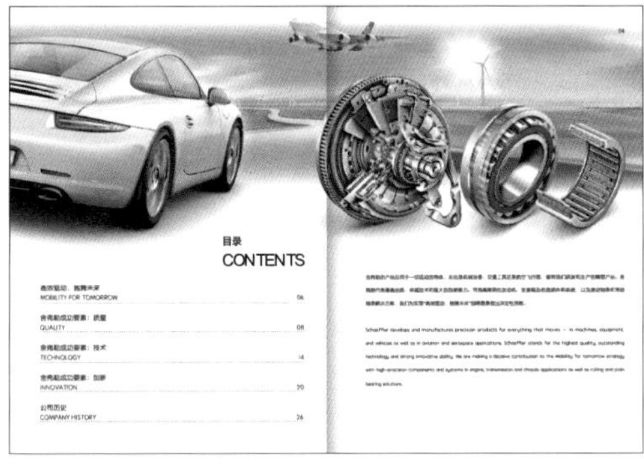

图 4-87 《舍弗勒 20 周年纪念册》（一）

客户：舍弗勒大中华区

设计：陈海妮

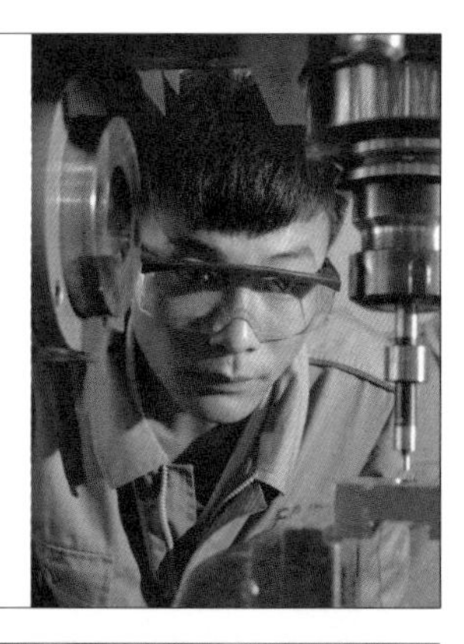

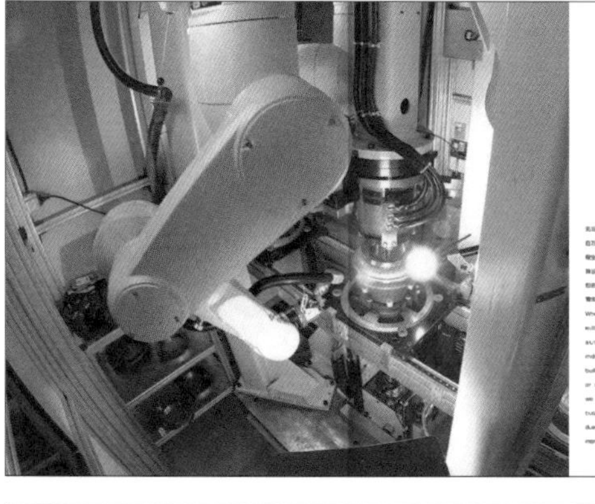

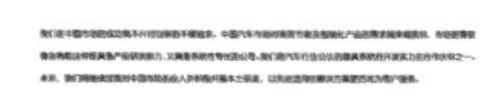

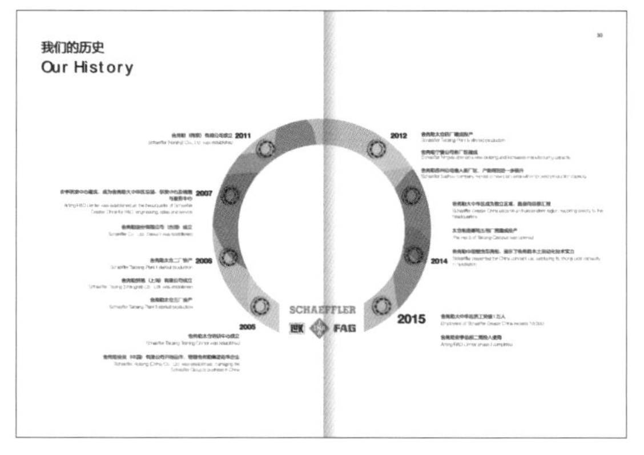

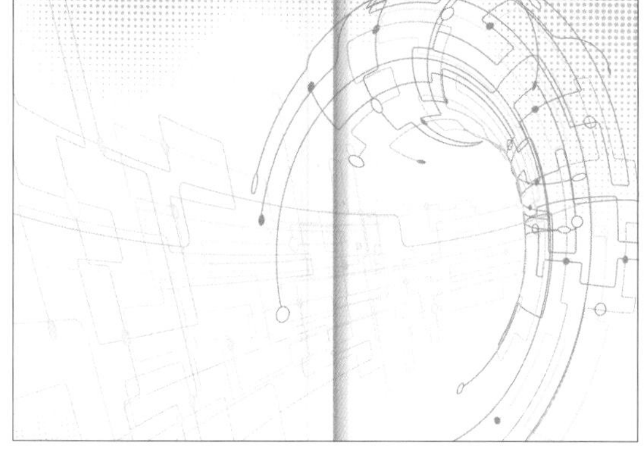

图 4-87 《舍弗勒 20 周年纪念册》（二）

4.《乐舞敦煌》部分页面（图 4-88）

纯手工制作，特殊纸张，特殊印刷方式。

图 4-88 《乐舞敦煌》

出版社：凤凰出版传媒集团江苏美术出版社
版次：第 1 版（2014 年 10 月 1 日）
精装：184 页
开本：16 开

5.《AdobeCS3 画册》部分页面（图 4-89）

高纯度的色块，处理过的人物形象，不规则的矩形留白，打造积极与活力的产品形象。

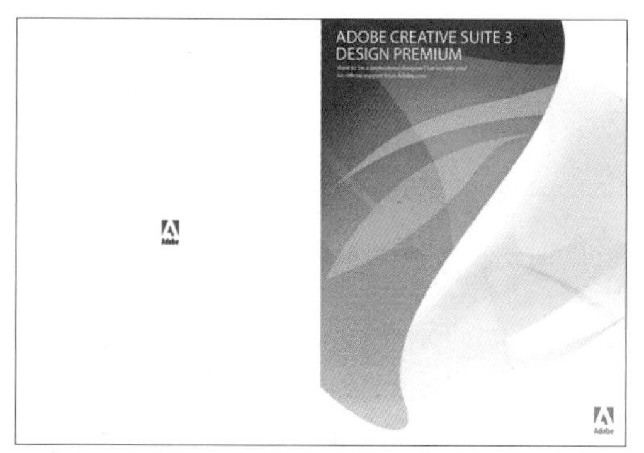

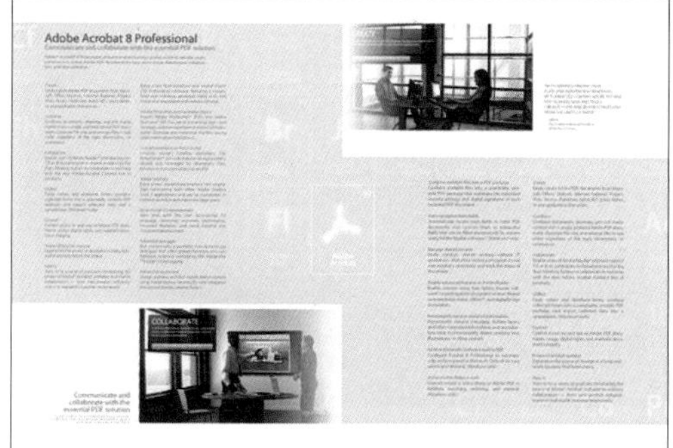

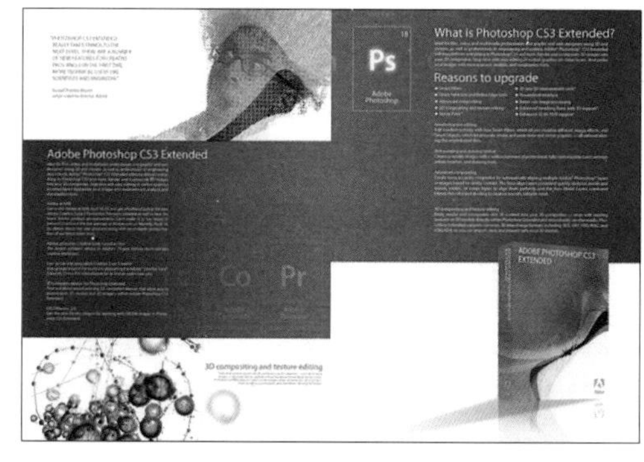

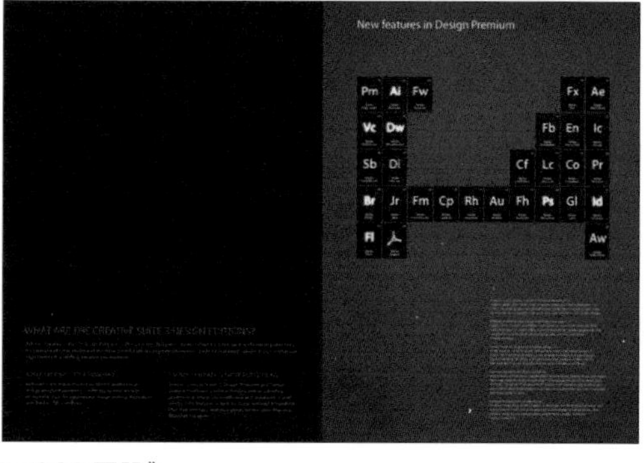

图 4-89 《AdobeCS3 画册》

客户：Adobe 公司

6. 《Okumus 杂志》部分页面（图 4-90）

少见的双色杂志设计，规矩又不失活泼的版面编排。杂志的版面设计要求跟书籍基本一样，尤其是页码较多的期刊，连装订都跟平装书没什么区别，书刊已经成为一个常用词。好的杂志设计同样可供我们参考学习。

图 4-90 《Okumus 杂志》（一）

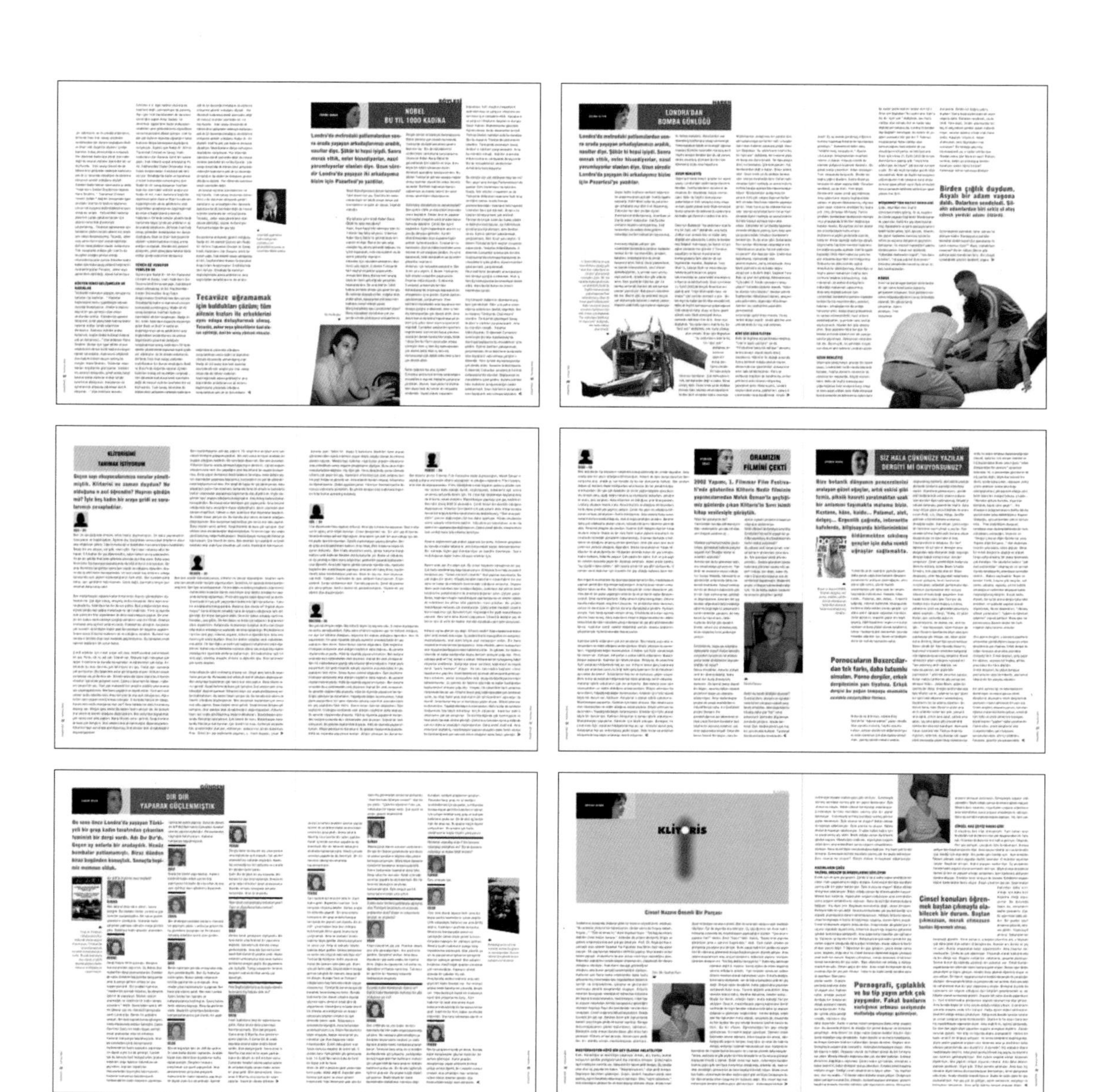

图 4-90 《Okumus 杂志》（二）

第四节 包装

一、包装案例分析

1. 项目简介

项目名称：泰星暹产品包装设计，其Logo（图4-91）所示。

设计机构：深圳香蕉设计（图4-92）（Shenzhen Banana Design）。

项目时间：2016年5月。

项目背景：泰星暹是一家专业做高营养膳食的泰国品牌。这对中国市场来说是一个全新的健康膳食提供者。为保证膳食专业化道路，泰星暹专门成立营养膳食采集团队，分布泰国各地网罗天然优质膳食产品。所有产品都采用有机化生产，与大自然和谐共生，以渴求生命舒适度的标准来严苛追求产品纯度。泰国大米本就世界知名，泰星暹则在世界熟知的泰国香米之外还提供以往泰国很少出口的红米、黑米、糙米等不同品种，大大丰富了市面上泰国米的品类，甚至还有以前没有见过的泰国大米深加工产品，比如米酥、米线、奶茶、咖啡、胚芽粉等，大大提高了农产品的附加值。

图 4-91　泰星暹 Logo

图 4-92　深圳香蕉设计 Logo

2. 设计过程

（1）设计定位

香蕉设计为此项目特意安排设计小组前往泰国考察10余天，考察了稻米生长基地（图4-93）、成品米仓（图4-94）、在当地市场搜集相关产品包装资料（图4-95）。经过多次头脑风暴，结合在泰国大皇宫找到的设计灵感（图4-96），最终泰星暹整体形象设计围绕着泰国文化、趣味性与正能量三点，把历史悠久的泰国壁画宗教元素去宗教化、故事化、夸张化、插图化。让泰星暹这个品牌更有活力和趣味性，更能体现泰国本土原生味道和泰国人民勤劳乐观的民族特性。

图 4-93　项目组考察稻米生长基地

图 4-94　项目组考察泰国总部成品米仓

图 4-95　项目组在泰国搜集相似产品包装资料

图 4-96　项目组到泰国大皇宫寻找设计灵感

泰国大皇宫著名的 400m 长卷壁画，满满的泰式风格。人物造型、装饰、色彩、绘画风格都匠心独具，辨识度非常高。这些壁画，成为项目组的灵感来源

（2）插画绘制

项目组根据大皇宫壁画风格创作出的一系列包装插画。用趣味性的人物造型、泰国风格的装饰色彩和绘画风格，描绘出一幅幅跟大米及加工产品相关的民间风情画，有各类大米的运输场景（图4-97）、大米深加工产品的生产过程（图4-98）、大米饮料的冲调过程（图4-99）等，均沿用大皇宫壁画的泰式风格，形象夸张、场景风趣、配色华丽、线条精致。

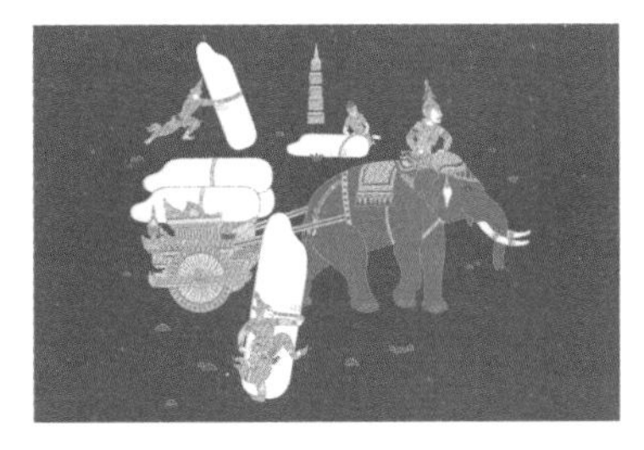

图 4-97　大米运输场景

图 4-98　米产品加工场景

图 4-99　米饮料冲调场景

（3）主视觉设计

插画配合品牌Logo、金色泰国传统背景纹理制作出包装主立面（图4-100）。注意产品品名文字是经过专门设计的具有泰国文字书写特点的汉字；辅助性的小标签图案都选用了与品牌Logo外形近似的图形。所有辅助的图形文字线条图案全部采用统一的金色，具有皇家气息，与该品牌高端农产品特色相吻合。

图4-100　包装主立面

3. 成品效果

（1）包装完成

成品主要有高端有机大米系列（图4-101）和大米深加工产品系列（图4-102）两个类别。大米系列1千克装，选用亚光金卡纸，表面彩印，看上去富丽堂皇。纸盒外加了一层环套结构，增加视觉厚重感和触觉层次感，并很好地增加包装牢固度。侧面一个米粒形的开窗，直观展示出产品质感。大米深加工系列包含米酥、米卷、饮料等副食品，插画配合产品高清照片结合形成包装主画面，使内部产品形象更直观。

图4-101　高端有机大米系列1千克装

图4-102　大米深加工产品

（2）市场效果

由于产品内容本身具有原产地特色，对于农产品来说，原产地信息很大程度上就是产品品质的保证，因此包装设计的图形、图案、配色都充分强调了地域特色。另外，该品牌的高端特色大米与现有市面上常见包装稻米类产品品类差异较大，因此还在包装体量和材质上体现了这种差异感，1千克的重量和体积使得包装可以采用更精致的设计和制作工艺，档次感提升不少。泰国大米深加工产品是首次进入到国内市场，为了体现出品牌新鲜感，使消费者能够将其与传统泰国香米区别开来，专门绘制的风趣幽默泰式插画功不可没。

总体来说，这套品牌包装充分体现出了产品归属性强、信息可识别性高、与同类产品差异化明显的特点，上市之后取得了较好的市场口碑。

二、包装设计创意

1. 设计要求

包装设计功能性极强，导致包装版面上的信息多而杂，这就要求设计师在设计时首先必须很好地把握信息主次层级关系，以正确地传达商品信息，这是包装版面设计最基本的设计要求。

在能够正确和准确传达商品信息的基础上，包装设计还有个性化的美感需求。包装版面要能够在大量同类产品中吸引消费者注意，要使得消费者能通过包装的版面产生阅读兴趣，进而对产品产生兴趣，最终达到促进商品销售的目的。

例 惠氏善存多维元素片（图4-103）

药品保健品由于特定的产品性质，包装上各类信息非常繁杂，设计时需要特别注意主次和层级关系安排，不能由于版面大小或者视觉上的美观问题而对必备信息进行取舍。惠氏善存，在包装盒上除了要安排下品名、品牌、专属图形、容量、使用说明等常见信息之外，还要展示出至少29种营养元素的名称与含量。面对如此多的信息，条理应放在第一位，因此设计时运用了分栏、分块、分组、色块、线条、粗细、大小、疏密、留白等多种手段，方寸之间的版面内容井井有条，毫不杂乱。适当的留白和字体加粗，高纯度色彩与黑白强烈对比，视觉吸引力十足。

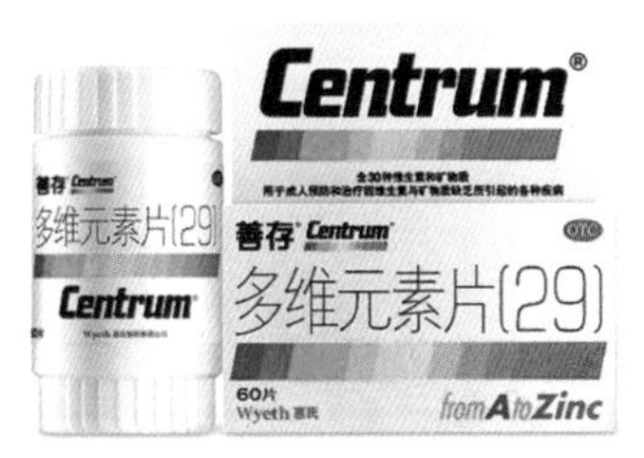

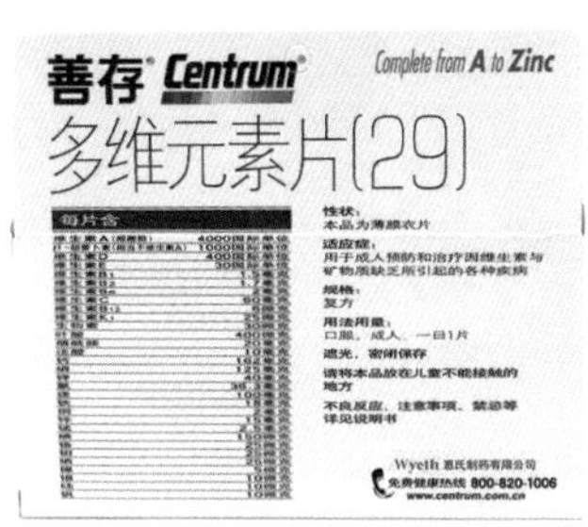

图 4-103　惠氏善存多维元素片

2.创意原则

设计中，创意好坏是一个需要横向比较的概念。在进行包装设计时，版面创意必须根据包装产品特点和客户品牌定位来确定。无论如何创意，目的一定是通过包装更好地传播商品和客户信息，一味追求创意特别或者高大上并不符合商业规则。因此，在保证设计要求的前提下，包装的版面创意一定是立足在大量市场以及同类产品调研的基础上进行，力求在同类产品中体现出创意即可。

例 良品铺子肉类系列2016电商包装（图4-104）

肉类小零食，考虑到电商销售特性，因此版面上采用适合屏幕展示的黑白大色块为主，小的彩色色块和底部色条呼应，文字、色块、图片全部居中安排。版面上直线矩形大色块实现视觉吸引，不规则的食品图片打破规矩的格局，实现版面的个性化特征，整套包装清新简洁，在常见肉食品包装的浓重色系中显得与众不同。

▸ 设计：武汉璞梵广告有限公司

图 4-104 良品铺子肉类系列 2016 电商包装

三、包装版面形式

包装所涉及的领域与学科门类较多，其容器与盒型结构就千变万化。受篇幅所限，同时考虑到版面设计主要设计包装的表面装潢，因此本节所有内容将紧紧围绕与版面设计有关的部分展开。根据经验，在进行包装版面设计时，与版面关系最大的就是包装外观形态，包装外观形态决定了需要设计的版面的形状、数量与尺寸。下文所描述的各种包装版面形态均根据包装上需要进行设计的版面来进行划分。

常见的包装版面形式有如下几种：

1. 展开图版面

矩形和圆柱是最基本的盒型，其他盒形体都是在基本型基础上进行增减构成，最终形态可以千变万化。盒型展开图特点是有棱有角，最终制作时要通过模切、折叠、粘贴的方式使盒子成型。展开图的形状主要看具体结构而定。这种版面形状是最复杂的。

矩形结构（图4-105），一般展开图较为简单，基本版面都是矩形组成。

异形盒（图4-106），面的数量越多、面的形状越复杂，构成盒子的展开图结构就越复杂。盒型不同，对应的展开图各不相同，需要设计的版面形状也不同。设计时需要特别注意版面信息内容的方向安排。

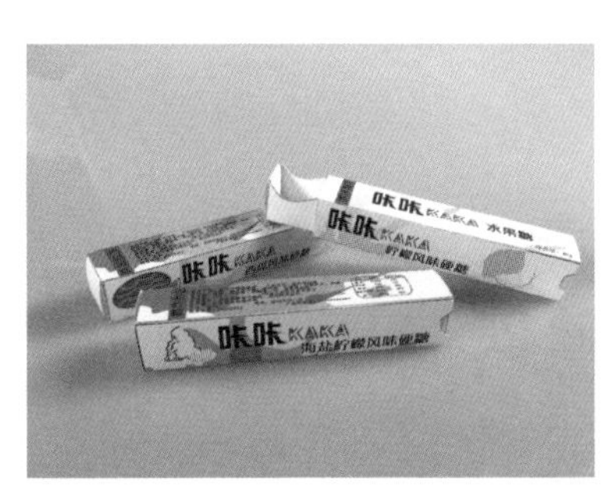

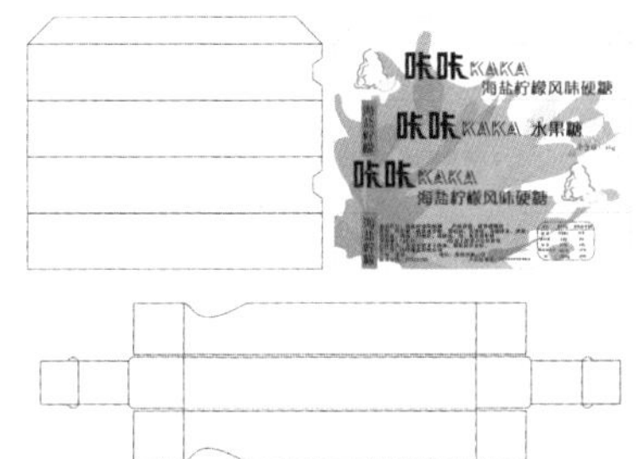

学生作品

- 咔咔水果硬糖系列
- 设计：郑雅龄
- 指导：陈琪莎

图 4-105　矩形版面展开结构

抽屉式纸盒，先分别确定外套和内盒展开图形状，根据结构，内盒不需要放置包装信息，因此只需在外套展开版面上进行版面内容设计即可

学生作品

- 思菲诺奇巧克力糖果系列
- 设计：邓惠心、黄爱萍、李倩彤、邓文彬
- 指导：陈琪莎

图 4-106　异形盒版面展开结构

注意版面中不同面文字、图形与各个页面的方向关系，要考虑到折叠成型后能顺畅阅读

2. 贴纸类版面

常见有不干胶贴和封套形式。有些包装不适合或不方便表面直接印刷，比如玻璃（图4-107）、陶瓷、竹木（图108）、布、皮革之类的材质，使用粘贴版面可以方便生产。矿泉水瓶，就大多采用透明不干胶贴或者腰贴形式。有的设计刻意追求不同纸张的质感对比，也会使用异材质的标签贴或者封套（图4-109）。这类的版面一般形状较为整体，在设计时要考虑版面形状与信息内容的匹配，较容易出现版面太小内容放不下的情况，必要时可以考虑增加版面数量，或者将单张胶贴延伸为环绕包装物一周的腰贴。

图 4-107　玻璃材质表面贴纸版面

乳制品包装
玻璃瓶和罐，瓶贴从盖子延伸到瓶身，既展示了包装信息，又起到封口作用，一旦开启瓶盖，瓶贴中部便会撕裂

图 4-108　竹木材质表面贴纸版面

苗家茶系列包装
设计：陈琪莎
竹篾编织圆筒，粗糙原始的表面贴上精致的图案与文字，形成质感、色彩和疏密对比。圆筒顶部、底部、筒身以及手提袋上所有文字图案都使用粘贴版面

图 4-109　不同纸张纸封套版面

台湾掌生谷粒大米包装
复合防潮牛皮纸袋，较宽的白色腰贴绕米袋一周，遮挡住牛皮纸袋身的皱褶和粗糙的接缝

3. 卡片型版面

这一类型的包装版面与包装盒或者容器相对独立，常见有挂签（图4-110）和独立卡片（图4-111）形式。材质可硬可软。常见于一些特殊形态或材质包装，由于表面不适合或不方便进行大量的图文印制而采用独立版面设计。

图 4-110　挂签

传统香道系列产品通用包装
设计：陈琪莎
系列产品大小尺寸不一，包装使用软质材料做成包裹布形式，保证了不同尺寸产品的包装适用性。产品信息根据包裹内容物分别设计成不同挂签，里面包什么就挂对应的挂签

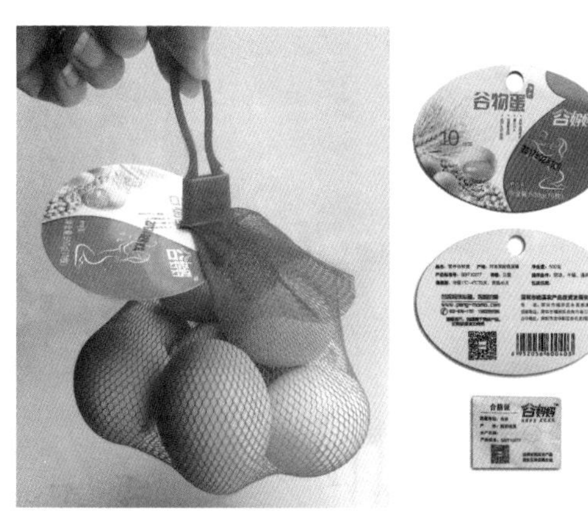

图 4-111　独立卡片

“谷妈妈”谷物蛋包装
生鲜产品简单明了的快速包装，产品重要信息品牌信息卡片卡在提手处，生产信息卡片塞在网袋内。包装材料便宜实用，直接传达天然和新鲜的产品特征

四、包装版面信息设计

商品的销售包装不仅仅具有保护产品、方便运输作用，在商品流通中还具有强大的广告推销作用，能够激发消费者的购买欲，促进销售。销售包装作为商品信息的传达者，其实是无声的推销员，运用图形图像、文字、色彩、材质、外形等各种视觉元素向消费者传达商品的特色、优势、功能和档次等信息，方便消费者了解自己的目标商品。包装表面信息杂而多，所有的视觉信息都应进行合理的分布，使之条理清晰，既不遗漏也无多余（图4-112）。

图 4-112　包装表面各类信息分布

1. 包装主面信息

商品摆放在销售场所时一般只能有一个面面对着消费者（图4-113），这个面即包装的主视觉面。设计时应首先设计这个视觉吸引力最强的包装主面。具有多个面的包装，主面可以不止一个。商品的品名、品牌、商品图片、广告语等有助于消费者快速了解商品的信息应该放在主面。要根据人们的视觉习惯，合理安排视觉重点和版面格局。

①**品牌商标**：要跟企业商标区别开，例如舒肤佳是归属于宝洁公司的品牌，包装设计一般强调品牌而不强调生产企业，所以在设计舒肤佳的包装版面时，舒肤佳标志就必须跟宝洁公司标志在位置、面积、重要程度上都有明显区别，要强调是舒肤佳牌产品，而不能让消费者误以为是宝洁牌产品。企业商标

则可以安排到企业信息的版面信息里。

②**商品名称：**通过文字一目了然地表明自己具体是什么产品。

③**广告文字：**用于宣传产品特点的推销性文字，虽不是必不可少的文字，却能让消费者在第一时间与商品对应起来，增强商品的特征辨识度。

④**宣传图片：**为了表现产品而出现在包装版面上的图片，可以是照片、绘画等，也可以是抽象图形及概念图形。图片可以直接表现产品外观；也可以用来说明产品特性；或者干脆就是传递一些意境情怀，使消费者能产生有益于商品销售的联想。图像的视觉吸引力比文字大得多，包装图片可以使消费者很快速地识别出商品的特性。

图 4-113　商品展示时面对消费者的主面

2. 包装辅面信息

应把商品成分、规格参数、使用方法、功效作用、保质期等大量需要仔细阅读的信息放置在除了主面以外的其他面，这些面统称为信息传达面或者辅面。设计时都会以主面为基调进行设计，使整个包装的版面风格统一（图4-114）。辅面由于信息量大，尤其要注意版面文字字号字距行距控制，防止信息混乱不清。

①**商品信息：**商品信息是消费者需要了解的各种产品有关内容，包括品名、成分、有效期、产品类型、使用方法等，一般安排在销售包装的侧面和背面，视内容多少和设计需求确定占几个版面，少部分包装会将此部分信息安排在正面。

②**产品说明：**主要是生产企业及相关生产标准等方面的信息。包括生产单位、生产地址、生产许可、执行标准、生产批号、联系方式、邮政编码等必要信息。这些信息一般会安排在版面视觉强度较弱的区域。

③**企业信息：**生产和产品归属企业信息（如公司名称）一般放在包装辅面。视品牌、产品、企业不同会有不同的排列方式。著名厂商可利用企业的品牌效应，可将其企业名称标注在比较显眼的位置。当企业同时推出多种新产品时，强调企业信息可以加强新产品的市场辨识度。

④**条码（电子码）：**条码相当于商品的电子身份证，可以提高商品销售效率及准确性。目前包括有一维码（条形码）和二维码两种形式，由粗细宽度间隔不等的黑白平行的竖条或者方块所组成，属于信息数据代码。在设计时一般放置于版面边角位置，但必须是较为平整的面，不能处于转角和折边位，颜色不严格规定白底黑条块，凡是浅色底色深色条块、图底明度反差较大、边缘线清晰易于电子识别的配色均可。

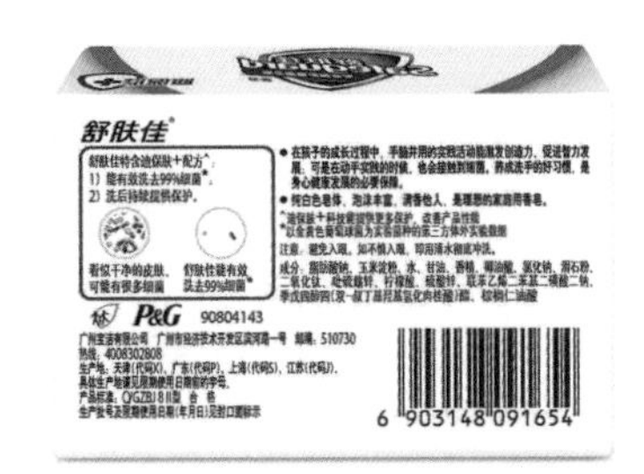

图 4-114　包装辅面信息

3. 其他通用信息

各类标准与规范标识，主要指与产品和包装有关的各类规范标志符号图形，这些符号图形的样式、尺寸、颜色及放置位置都有具体的要求，使用时可根据包装版面的需要按比例放大或缩小，但不能变形、变色。详见各类相关国家标准规范文献，这里不一一列举。常见的有各类安全标准认证标识（图4-115）、品质认证标识（图4-116）、荣誉标识（图4-117）、环保标识（图4-118）、储运标识（图4-119）等。

图 4-115　安全标准认证标识

图 4-116　品质认证标识

图 4-117　荣誉标识

图 4-118　环保标识

图 4-119　包装储运国标标识

五、包装版面设计流程

一般设计公司所做的客户委托包装设计流程如下：

客户委托—项目分析（已有产品改进设计？全新产品设计？品牌升级？全新品牌？）—市场调研（同类产品市场比较、本产品市场状况）—设计定位（包装价格占比、设计风格、包装容量、销售渠道）—客户沟通—方案设计（材质、尺寸、容积、外形、生产工艺、表面装潢、打样）—客户沟通—方案改进—客户确认—方案实施（打样、确认、批量生产）。

在学习版面设计时，我们一般主要关注方案设计这一个步骤。具体方案设计过程（图4-120）如下：

资料搜集（同类产品设计参考，寻找设计参照物）—确定包装结构（容器、内外包装形式、材料、生产方式、尺寸）—绘制草图（展开图、表面装潢图案、版面分割与安排）—电脑设计（在草图基础上设计正稿）—文档制作（展开图、表面图形色彩文字）—打样稿（检查文件内容信息）—修改电脑稿—再次打样—制作包装手板（检查包装信息、结构、尺寸等）—修改（必要时重复几次手板和修改过程直到没有问题为止）—方案设计完成。

包装展开图版面形状一般都不是标准尺寸，在制作加工成型时也跟平面的版面设计作品区别很大，因此在设计和制作文档时有更多需要注意的地方。除了色彩、文字、图片等常规需要注意的版面元素之外，在设计时还应该有立体概念，要考虑到形成立体之后单个面的视觉效果和立体风格。

学生作品

- 百乐钢笔及墨水吸墨器套装
- 设计：廖望
- 指导：陈琪莎

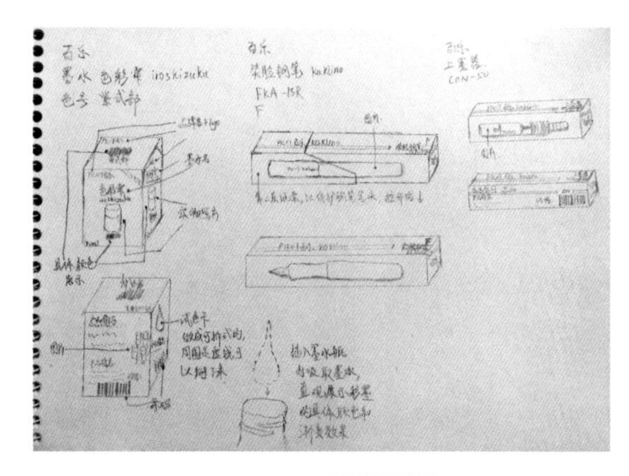

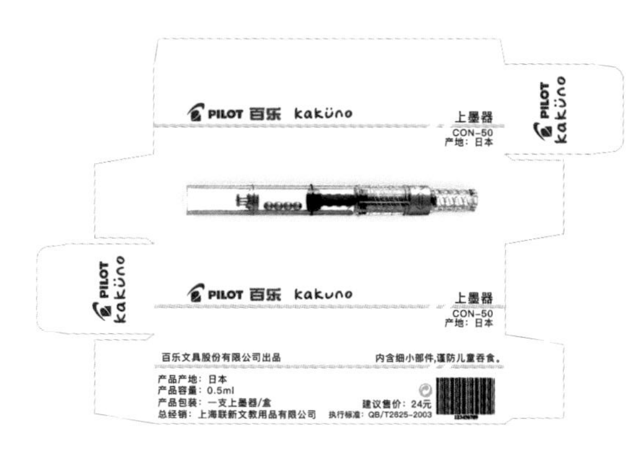

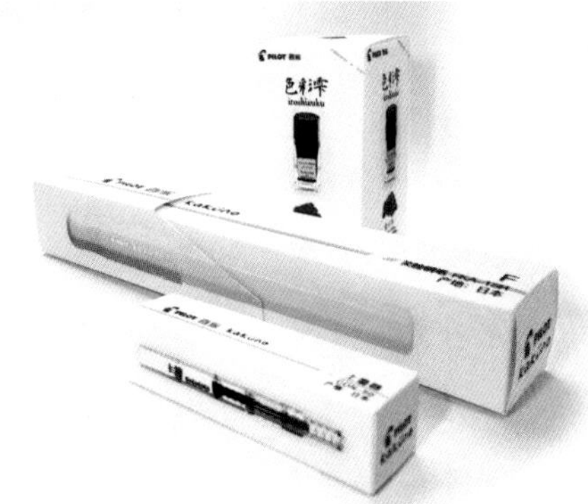

图 4-120　草图、展开图和样品照片

例 钙尔奇碳酸钙D3片包装盒（图4-121）

首先画出盒型展开图线稿（图4-122）。展开图线稿即包装盒后期加工生产时需要用到的模切图，实线对应模切版上的切割刀条，作用是把包装展开图多余的部分切掉。虚线对应压痕条，作用是在包装展开图上要折叠的部位压出凹印，方便折叠成型。

模切图一定要确保准确无误，最终印刷时，模切图和包装版面展开图会拆分成两个文件，展开图印刷到纸上，模切图被制作成模切用的刀版。

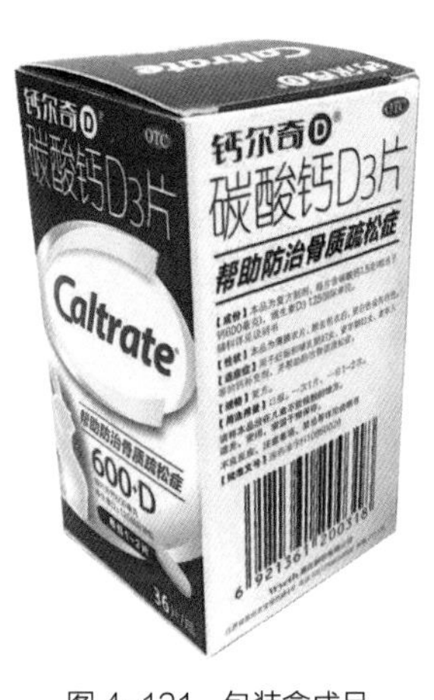

图 4-121　包装盒成品

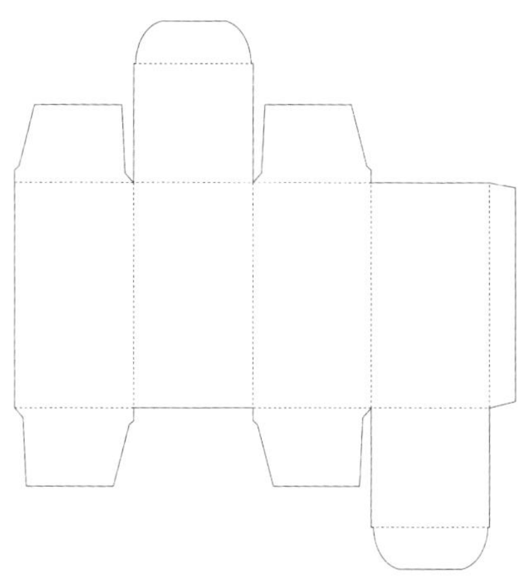

图 4-122　模切图

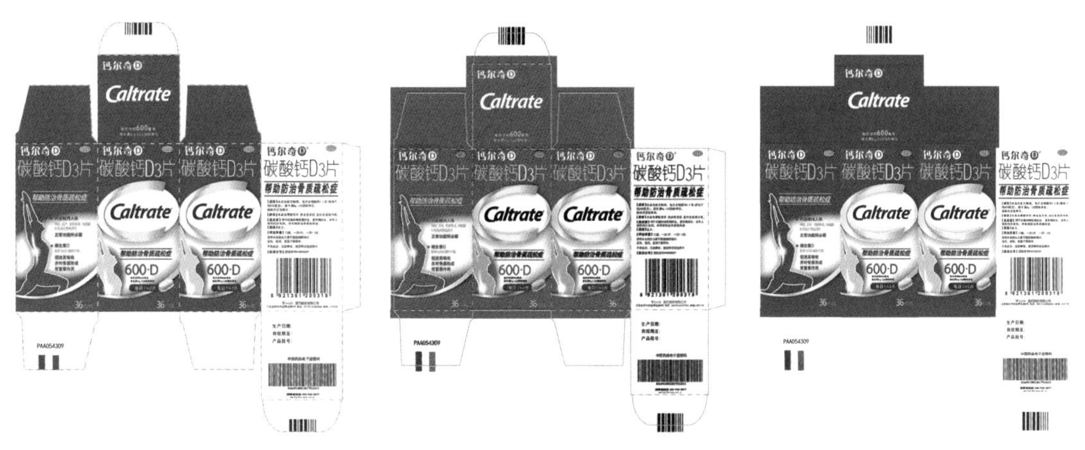

图 4-123　在模切图上设计的展开图　　图 4-124　根据模切图设置出血　　图 4-125　去掉模切图的出血图

在模切图基础上，进行包装版面展开图的设计（图4-123）。由于所有面都连在一起，展开图上每个面的交界线位置并不起眼，容易被忽视，但这个交界线一旦立体成型就会非常清晰。因此在设计时要特别关注每个面的独立性，尤其文字要注意留边空，这里的边空不仅仅是裁切位边空，还包括了折叠位边空。

展开图根据模切图设置出血（图4-124），这是印刷前一个非常重要的步骤。大家都知道为了防止裁切时漏白，所有切口位置都需要做出血。在包装中，有些折口部位也需要出血。这是为了防止折口插接部位结合不够紧密或粘贴误差而露出里面的白色。一般情况下，折叠位置凡是会被其他面遮挡住的位置都需要做出血，尺寸和切口出血一致即可。印刷之前要将模切图和展开图分开（图4-125），否则模切线也会印刷到展开图上。

做好的出血展开图和模切图，就是包装作品的完成稿。打样、试用、调整、修改完毕，检查确认文字已转轮廓、黑的大段文本为单色黑、色彩模式为CMYK之后，文件提交给甲方或者印刷厂即可。

六、包装设计欣赏

1. 良古冰岛老树普洱茶包装（图 4-126）

竹制茶盒，茶饼包装纸一改常见白色棉纸包装风格，采用橙黄两色。以插画形式呈现草本与烹茶元素，传统文化遇上现代潮流，赋予普洱茶新的面貌。

图 4-126　良古冰岛老树普洱茶包装

设计：深圳香蕉设计

2. 蜂蜜包装（图 4-127）

六角形玻璃瓶身，特别设计的凹陷形成榫卯结构，瓶子之间可以互相插接，便于码放展示，形似蜂巢，别具匠心。

图 4-127　蜂蜜包装

设计：Maksi Marbuzov

3. 葡萄酒包装（图 4-128）

心脏形陶瓷瓶身，暗示葡萄酒对心脏健康的辅助作用。表面留出一块平面粘瓶贴，瓶颈部分红色胶带进行颜色点缀。

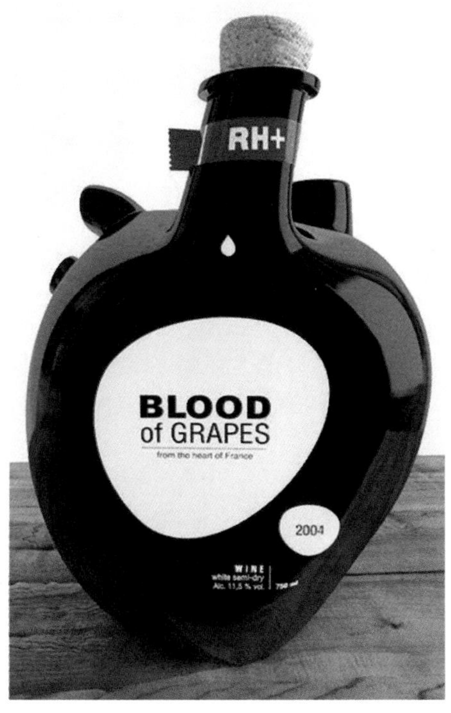

图 4-128　葡萄酒包装

设计：Constantin Bolimond

4. Bloom Chips 薯片包装（图 4-129）

复合铝箔圆筒，满布纵向放射状皱褶，筒身靠纸质束带和塑料盖闭合。取下盒盖，解开束带，这些皱褶就能扩展开来，圆筒如花朵一般绽放成一个敞口喇叭圆罐，方便薯片拿取。

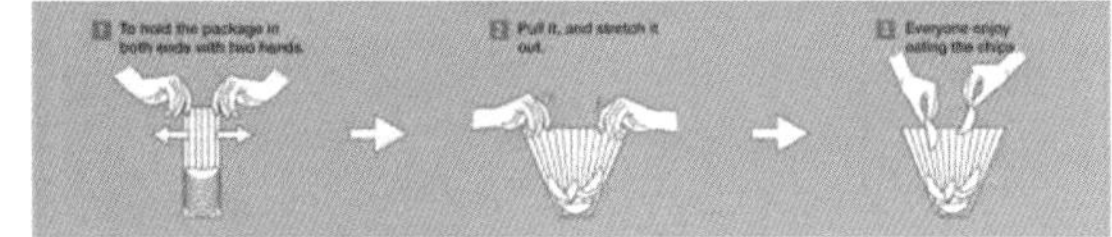

图 4-129　Bloom Chips 薯片包装
设计：Kwon Do-hyuk（韩国）

5. 日本米酒包装（图 4-130）

清透玻璃瓶身，包装信息完全设计到粘贴版面上，瓶口包裹牛皮纸，扎深色棉绳点缀。

图 4-130　日本米酒包装

6. 良品铺子新年礼盒（图 4-131）

手提行李箱样式，提手、锁扣俱全，质感极好，精致的做工充分体现出商品的档次。

图 4-131　良品铺子新年礼盒

7. 中式茶点心包装（图 4-132）

选用竹制蒸笼作为外盒，包装信息安排在腰贴正反面，内部小包装模拟真正的点心样子，开合和手提方式很有趣，版面信息设计精致而现代，与传统外形进行了很好的混搭。

图 4-132　中式茶点心包装

8. ALL NATURAL 宠物粮低温保鲜包装（图 4-133）

低温塑料包装袋外裹上厚厚的保温复合材料，用贴纸封口，产品信息全部设计成挂签挂在纸质捆束绳上。整个包装既复合新鲜的功能性要求，又能从包装形式上体现出全天然之感。

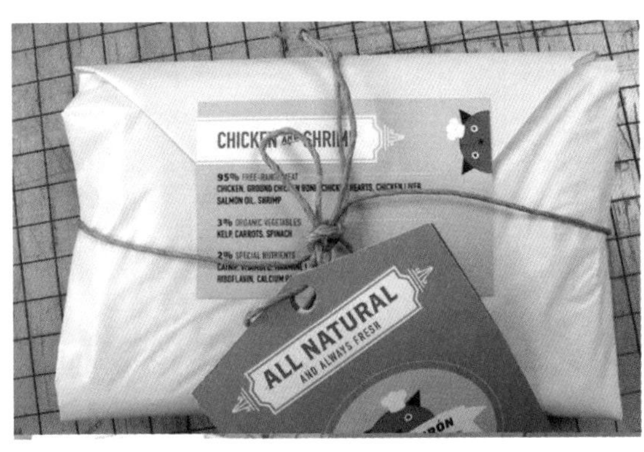

图 4-133 ALL NATURAL 宠物粮低温保鲜包装

9. 大力士工具系列包装（图 4-134）

工具形状不同，包装也依形而作。特殊外形的版面，信息安排要极为精准、有条理。

学生作品

- 设计：罗宇乔
- 指导：陈琪莎
- 材质：白面彩印薄瓦楞

图 4-134 大力士工具系列包装

10．文房四宝成套包装（图 4-135）

激光雕刻镂空图样模拟中式传统花窗。白色的腰贴提亮牛皮纸整体视觉效果。

学生作品

- 设计：李少婉
- 指导：陈琪莎
- 材质：300g牛皮卡纸、白色背胶亚粉纸

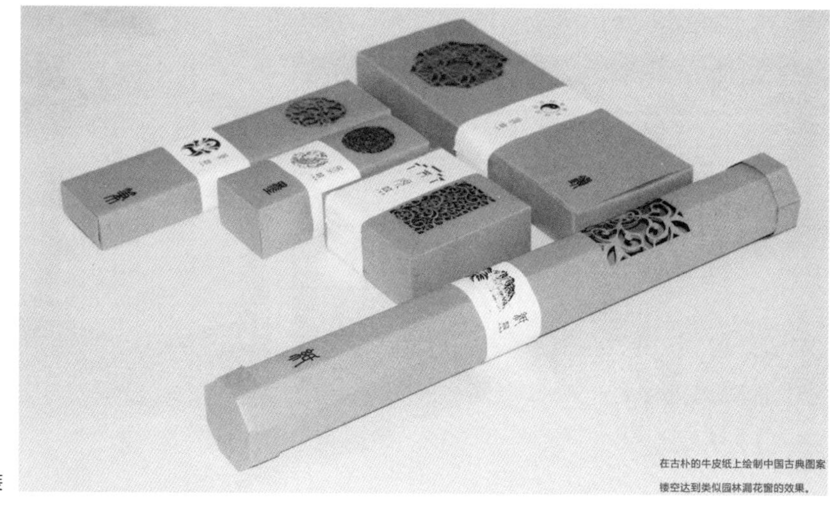

图 4-135　文房四宝成套包装

11．纯果汁水果糖包装（图 4-136）

不同口味糖果均采用相应水果仿生版面设计，外盒的口味区分特别醒目。

学生作品

- 设计：方晓帆
- 指导：陈琪莎
- 材质：白卡纸

图 4-136　纯果汁水果糖包装

12 ．“圆农米铺”大米包装（图 4-137）

同产品不同包装形状，用系列几何外形体现差异性。使牛皮卡纸既考虑了包装强度，也体现农产品的天然属性。

学生作品

- 设计：梁珮圆
- 指导：陈琪莎
- 材质：300克牛皮卡纸、食品级塑料内袋、透明PVC片

图 4-137　“圆农米铺”大米包装

13 ．绿色生活杂豆礼盒（图 4-138）

可拼接外形，半开窗透视内容物，单个小包装组合方便，开窗让商品本身也成为包装装潢的一部分。也体现了内容物差异性。

学生作品

- 设计：陈琳
- 指导：陈琪莎
- 材质：300g牛皮卡纸、食品级塑料内袋、透明PET

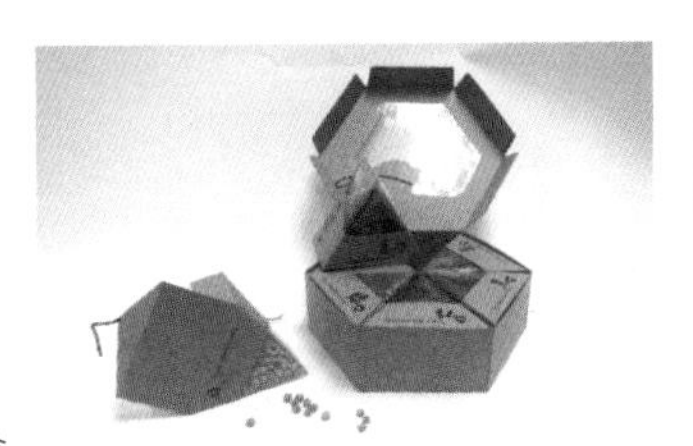

图 4-138　绿色生活杂豆礼盒

14. TASHA 干花包装（图 4-139）

藤条编织罐内装用于清新空气的干花瓣，撕掉外层密封用透明胶纸即可使用。包装信息安排到粘贴版面和挂签上，整体设计温馨浪漫。

学生作品

- 设计：黄晓霞
- 指导：陈琪莎
- 材质：藤条编织容器、透明塑料包裹袋、缎带

图 4-139　TASHA 干花包装

15. 马卡龙甜品携带装（图 4-140）

使用马卡龙色系的外包装，可推拉的双层盒容量可变，方便装入不同数量的甜点。

学生作品

- 设计：蓝嘉琪
- 指导：陈琪莎
- 材质：250g布纹白卡纸

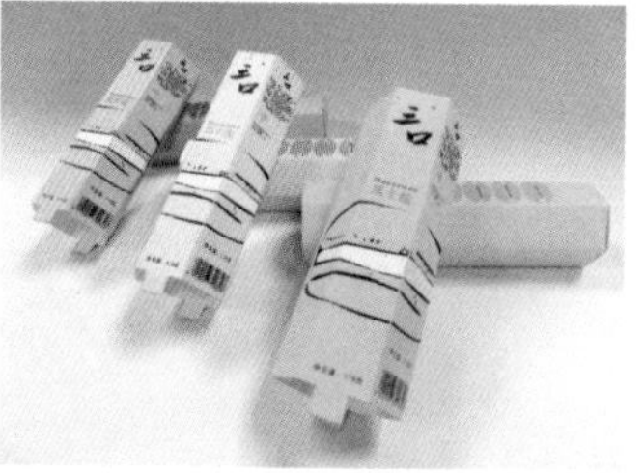

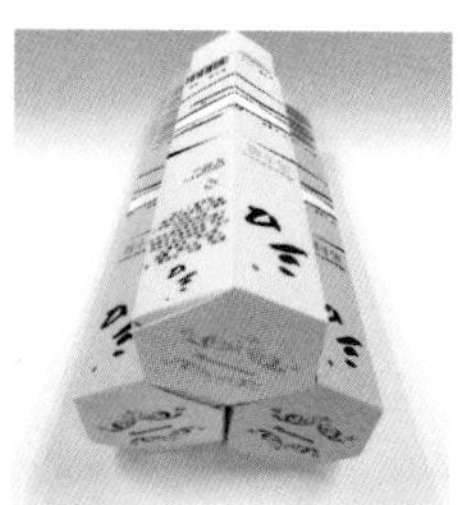

图 4-140　马卡龙甜品携带装

16.“文君”绿茶礼盒（图 4-141）

内外盒全部采用三角外形，手工制作，内部小盒与外部礼盒完美呼应，版面繁复的文字与木纹表面形成繁简对比。

学生作品

- 设计：林瑜玲
- 指导：陈琪莎
- 材质：2.5mm灰板纸、
  70g胶印纸、
  125g不干胶、
  牛皮纸绳

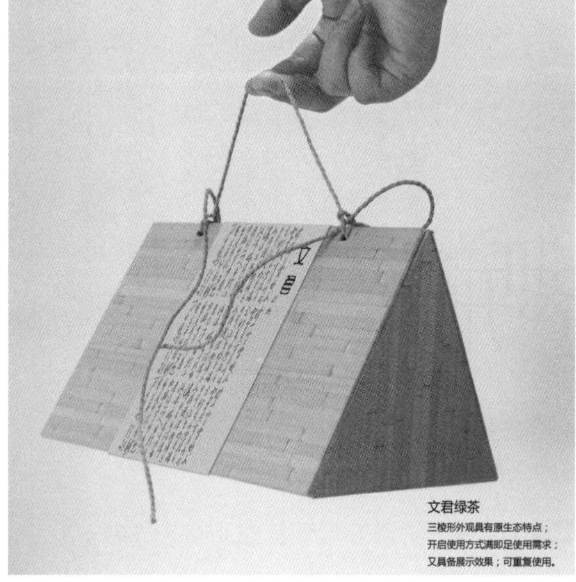

图 4-141 “文君”绿茶礼盒

17.“中国龙”茶叶包装（图 4-142）

使用传统龙纹传递中式气派，红黑两色的文字安排得宜，留白面积恰当。

学生作品

- 设计：钟洁霖
- 指导：陈琪莎
- 材质：250g布纹白卡纸

图 4-142 “中国龙”茶叶包装

18. “无形”中国茶礼盒（图 4-143）

淡雅清新的版面设计，配上瘦长的尺寸和巧妙的开口设计，整体挺拔而秀丽。

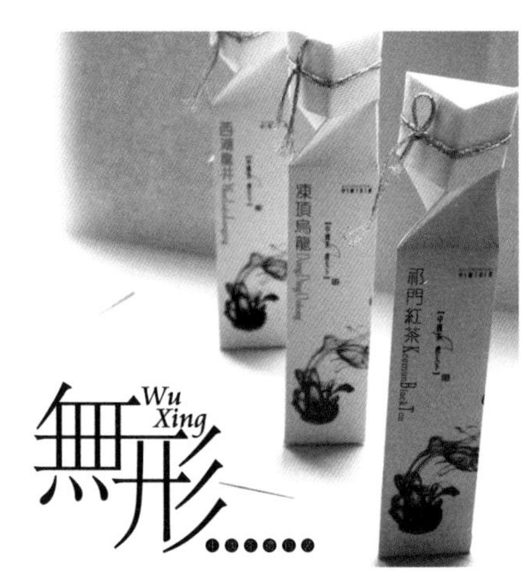

学生作品

- 设计：邱淑君
- 指导：陈琪莎
- 材质：白卡纸、细纹牛油纸、金色织带

图 4-143 “无形”中国茶礼盒

19. “谷仓”茶叶套装礼盒（图 4-144）

拟物外形设计，内部巧妙分隔，开启和手提方式较为特别。

学生作品

- 设计：舒良利
- 指导：陈琪莎
- 材质：2.5mm灰板纸、成型纸卷、织锦缎带、ϕ5铜管

图 4-144 “谷仓”茶叶套装礼盒

附录

书刊常见装订形式

一、平装（简装）

整本书由软质纸封面、扉页和书芯构成，有时还有其他非必备部件，如环衬、插页等。

1.活页装

书籍、本册的封面和书芯不进行固定订联，可以自由加入和取出书页的装帧形式（图附-1）。主要形式有纽带式、螺钉式、弹簧夹式等。封面材料有纸、布、皮革、丝织物、塑料等。多用于资料、文件、产品说明书、图纸、挂历及影集、集邮册、记事本等。书壳做法大体与精装书壳相同。

图附-1　活页装

2.线圈装

将书页单张配成册，然后在靠书背处打孔，利用铁质或塑胶线圈、胶圈夹等不同夹具来固定书页的装订方式（图附-2）。常应用于月历、相册、手册、本子等。

图附-2　线圈装

3.骑马订

用骑马订书机，将配好页的书芯连同封面一起，在书脊上用两个铁丝扣订牢成为书刊（图附-3）。采用骑马订的书不宜太厚，而且多帖书必须套合成一整帖才能装订。

图附-3　骑马订

4. 锁线装

将配好的书帖，按照顺序用线一帖一帖的串联起来，叫作锁线装（图附-4）。常使用锁线机进行装订。锁线装可以订任何厚度的书，牢固、翻阅方便，但订书的速度较慢。

图附 -4　锁线装

5. 无线胶粘订

用胶粘剂将书帖或书页粘合在一起制成书芯（图附-5）。一般是把书帖配好页码，在书脊上锯成槽或铣毛打成单张，撞齐后用胶粘剂将书帖贴结牢固。胶粘订的书芯，可用于平装，也可以用于精装。

图附 -5　无线胶粘订

6. 锁线胶装

用线将各页穿在一起，然后用胶水将印品的各页固定在书脊上的一种装订方式（图附-6）。锁线胶装的好处是用胶粘书芯的同时加上线固定，书翻开时可以完全展现书的内容。

图附 -6　锁线胶装

7. 软精装

平装样式吸收了精装封面比较硬的特点而形成的“软精装”，又称“半精装”或“假精装”。它是在带勒口的面封和底封内各衬垫了一张一定厚度的卡纸，从而使封面的硬质、挺括程度超过一般平装图书（图附-7）。

图附 -7　软精装

8. 散页装

图书的书页以单页状态装在专用纸袋或纸盒内。是一种卡片式或挂图式图书，多具欣赏或示意功能（图附-8）。教育类、艺术类图书多见。

图附 -8　散页装

二、精装

最大特点在于封面的用料和印刷加工工艺与平装不同。一般由纸板及软质或织物制成的书壳、环衬、扉页、插页和书芯构成，比平装考究、精致。精装书的书芯装订方法一般采用锁线订、胶背订、锁钱胶订等。

1. 圆背精装

书芯的背经砑圆（扒背）工艺处理成带有一定圆弧的凸状，而外口则呈圆弧形凹状，与书壳套合后，形成圆背精装形态（图附-9）。

图附 -9　圆背精装

2. 平背精装

书芯的背不进行砑圆处理，书背和外口均无圆弧，与书壳套合后，形成平背精装形态（图附-10）。

图附 -10　平背精装

三、古典装订方式

1. 经折装

将一幅长卷沿着文字版面的间隔中间，一反一正的折叠起来，形成长方形的一叠，在首末两页上分别粘贴硬纸板或木板（图附-11）。这种装帧形式装订出来的书籍与今天的书籍非常相似。在书画、经书、碑帖等装裱方面一直沿用到今天。

图附 -11　经折装

2. 蝴蝶装

早期的册页装。它出现在经折装之后，由经折装演化而来，大约出现在五代后期，盛行于宋朝。方法是把书页沿中缝将印有文字的一面朝里对折起来，再以折缝为准，将全书各页对齐，用一包背纸将一叠折缝的背面粘在一起，最后裁齐成册（图附-12）。蝴蝶装书籍，翻阅起来犹如蝴蝶两翼翻飞飘舞。

图附 -12　蝴蝶装

3. 包背装

将书页背对背地正折起来，使有文字的一面向外，版口作为书口，然后将书页的两边粘在书背上，再用纸捻穿订，最后用整张的书封绕背包裹（图附-13）。由于包背装的书口向外，竖放会磨损书口，所以包背装图书一般是平放在书架上。

包背装与“蝴蝶装”外观近似，但页面方向与装订秩序并不相同（图附-14）。包背装图书的装订及使用略方便些，但装订的手续仍较复杂。所以不久即被另一种装订形式——线装所取代。

图附 -13　包背装

- 书名：我是劳动人民的儿子
- 作者：（苏联）卡达耶夫著，曹靖华译
- 出版：1947年6月，韬奋书店出版发行
- 排版：竖版繁体
- 页码：163页
- 图片来源：江南木客的博客——一本少见的民国译作（2010-01-19）

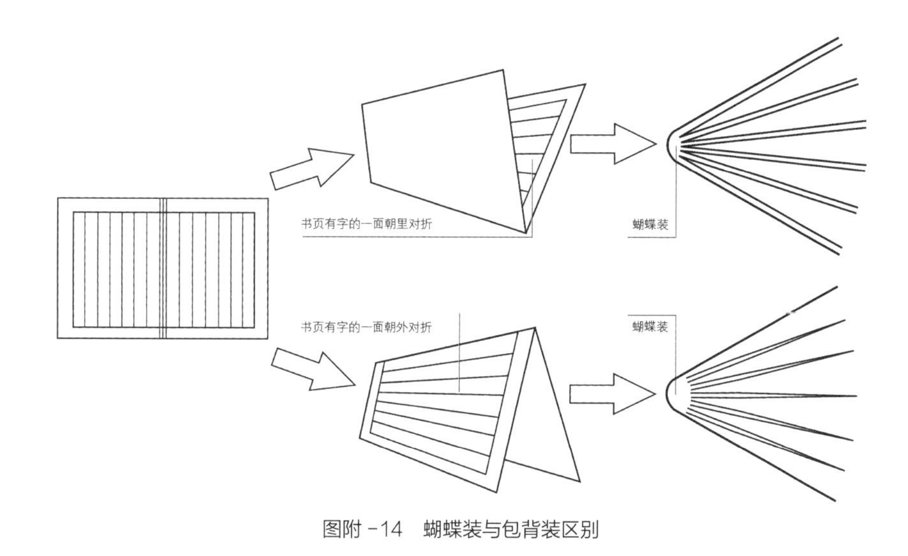

图附 -14　蝴蝶装与包背装区别

4. 线装

用线把书页连封面装订成册，订线露在外面，在右侧适当宽度用线穿订的装订方式（图附-15）。线装书加工精致，造型美观，具有我国独特的民族风格。线装主要用于我国古籍类图书，也为其他图书装帧设计所借鉴。

图附 -15　线装

参考文献

[1] 王汀. 版面构成[M]. 广州：广东人民出版社，2000.

[2] 朱国勤. 编排设计[M]. 上海：上海人民美术出版社，2001.

[3] 王受之. 世界现代设计史[M]. 北京：中国青年出版社，2002.

[4] 视觉设计研究所. 七日掌握版面设计基础[M]. 张喆译. 北京：中国青年出版社，2004.

[5] 布莱威尔编著；戴维·卡森设计. 印刷的终结：戴维·卡森的自由版式设计[M]. 张翎译. 北京：中国纺织出版社，2004.

[6] 舒湘鄂. 编排设计[M]. 上海：东华大学出版社，2006.

[7] 佐佐木刚士. 版式设计原理[M]. 武湛译. 北京：中国青年出版社，2007.

[8] 安布罗斯. 网格设计[M]. 刘静译. 北京：中国青年出版社，2008.

[9] 李一枚. 版式设计：唯美页面设计新视觉[M]. 北京：中国轻工业出版社，2014.

[10] 张爱民. 版式设计[M]. 北京：中国轻工业出版社，2016.

[11] 陈琪莎，王利婕，陈广学等. CY/T 200-2019 书刊印刷通用设计规范[S]. 北京：中国书籍出版社. 2020.